大器小作

——古典家具中的另类

高长生　著

中国建设科技出版社
北　京

图书在版编目（CIP）数据

大器小作：古典家具中的另类/高长生著.
北京：中国建设科技出版社，2025.1. -- ISBN 978-7-5160-3441-5

Ⅰ. TS666.202

中国国家版本馆 CIP 数据核字第 2024LZ2020 号

大器小作——古典家具中的另类
DAQI XIAOZUO——GUDIAN JIAJUZHONG DE LINGLEI
高长生　著

出版发行：中国建设科技出版社
地　　址：北京市西城区白纸坊东街 2 号院 6 号楼
邮　　编：100054
经　　销：全国各地新华书店
印　　刷：北京联兴盛业印刷股份有限公司
开　　本：710mm×1000mm　1/16
印　　张：7
字　　数：80 千字
版　　次：2025 年 1 月第 1 版
印　　次：2025 年 1 月第 1 次
定　　价：76.00 元

本社网址：www.jskjcbs.com，微信公众号：zgjskjcbs
请选用正版图书，采购、销售盗版图书属违法行为

本书如有印装质量问题，由我社事业发展中心负责调换，联系电话：(010)63567692

作者简介

高长生，1952 年生于北京，汉族，祖籍山东登州府，1980 年毕业于清华大学。祖辈自光绪初年迁居北京，自幼聆教于家严之雅好，常流连于文玩之间，深爱中华优秀传统文化。

20 世纪 80 年代先后参加国家博物馆、故宫博物院及中国政法大学等举办的文物鉴定培训班，师从李宗扬、李辉炳、连少卿等文物鉴定名家，致力于文玩杂项和瓷器的收藏与鉴赏，在长期的收藏和鉴赏实践过程中较系统全面地掌握了文物鉴定知识，并在此基础上总结出一系列收藏心得和鉴赏体会。

大器小作

歲次甲辰仲夏
古梁孫峻峯署

序　一

高长生的这本有关“大器小作”古典家具的书，使我惊喜。中国古典家具传承有序，逐渐进化，内涵丰富，品类繁多，光彩夺目，灿若星辰。但历史上有关古典家具形象和文字的专项著作却很少，可谓寥若晨星。

近现代，自艾克先生的《中国花梨家具图考》和王世襄先生的《明式家具珍赏》开启了古典家具科学研究的先河以来，渐次带起了近年的井喷式古典家具图书出版热，但其中关于研究“小器作”的书却极少，几近于无。

高长生的这本“大器小作”专项研究著作的出现，无疑开启了古典家具研究领域专项品种精确分类研究的先例。

中国木工技艺历史悠久，门派众多，其中古代建筑中制作枪木标架的叫“大木作”；制作门窗内檐的叫“小木作”；制作桌椅板凳的叫“细木作”，另外还有许多专项的工种门类，如舟桥农具、车轿寿材等。

另外，还有一种独特的行当常被人忽视，即“小器作”。“小器作”专做玉器、瓷器、铜器、牙角、钟表、灯具等精细贵重器物的托、座、架、罩等，以增加衬托这类物品的名贵珍稀性和艺术观赏性，同时也起到了保护作用。“小器作”因其造型多样、精雅动人，其艺术观赏价值往往大于实用价值。

在“小器作”里，更有一种独特的品种，叫“大器小作”桌椅，俗称“桌上桌”，又叫“巧做小桌椅”，其实不止桌椅，还包括古典家具中的床柜、几案等。令人叫绝的是这种缩龙成寸的小家具从款式造型到结构方法都力求和真的大型家具一模一样，只是按比例把大型实物尺寸缩小，可让人在咫尺之间真切地感受到大型家具的款式结构和气韵美感。按比例缩小的榫卯常常细小如火柴棍，却也都如实地做出，其整体结构往往可拆可卸，比之宫廷“样式雷”的古建模型“烫样”更平添观赏结构之趣，在掌间把玩令人心悦。

此种“大器小作”小桌椅，大致有如下用途。

(1) 用作厅堂书斋中所陈设的文玩艺术品的托座，以增高雅。如放“炉瓶三式”的小案、佛座、瓶座、玉石座、磬架、小博古。

(2) 用作礼器，多用于祠堂、祖宗牌位、佛堂神龛前供奉，以示尊严。

(3) 用作礼品，作为旧时七夕节、婚嫁、生日、出师、毕业、节日等互赠纪念的礼品。

(4) 用作备器，古代墓葬多用小木器随葬，按生前所使用家具缩小仿制，事死如事生。

(5) 用作商业招幌，旧时木器家具行商家常用“大器小作”的仿真家具模型陈放于店堂橱窗内，以示其手艺工巧，招揽生意。

(6) 用于大型家具制作前的“小样”，以呈送东家审阅，故细节、比例、造型完全严格按雇主要求精工细作，以利生意。

以上种种“大器小作”的小家具，都精巧逼真，十分可爱，件件弥足珍贵。

高长生世居北京，少年时期深受父辈文玩雅好熏陶，从清华大学毕业后又从业文玩收藏半生，文史和工艺素养长足，故能在书中把材料、种类、尺寸、比例、款式、榫卯结构、艺术风格、流派传承、历史沿革、品种特点等讲得头头是道。还能手绘精确的榫卯图样，体现了他对古典家具的极度热爱和传承中华优秀传统文化的极强责任感。

但凡世间堪称经典的传统技艺或文化遗产，都绝非传说中的某位圣人灵光乍现时一蹴而就的妙手所得，必是历代勤劳智慧的实践者经长期的点滴积累，才最终成就经典。这是个聚沙成塔的过程。

高长生这本书虽小，却是他一生的心血所得。这就像一粒沙，排序在先哲和后贤之间，继往开来，为中华文明之塔贡献力量！

我由衷地为其人其书喝彩！

“驻韵斋”主张德祥

2024 年 1 月 22 日

注：“驻韵斋”是王世襄为张德祥题写的工作室。

序　二

高长生日前来商会邀我为他的新作《大器小作——古典家具中的另类》写序的时候，恰值我上午刚刚和几个业内重量级人物座谈完“古玩市场从古玩商品市场向古玩文化市场转型”这个课题。

浏览高长生《大器小作——古典家具中的另类》中的每一幅藏品图片，聆听他对每一件藏品的时代背景分析，品味他对藏品造型特点和榫卯结构的热情解读，如数家珍，娓娓道来，就像他在店铺里给买家介绍其看上的每一件东西，就像他在圈儿里与同行切磋每一件东西的研究成果。

尤其是他几次感慨地说到自己“收每一件藏品都是一次知识学习和知识积累”的时候，我不由得怦然心动。

他此前《中国瓷粥罐集珍考》的出版，和这次《大器小作——古典家具中的另类》的即将出版，不正是以往一次次知识学习和知识积累后的成果转换吗？不过不是转换成了人民币，而是转换成了古玩文化产品或曰古玩文化商品。

他的这个转换过程所体现出的社会意义，就是“古玩商品市场转型古玩文化市场”发展阶段的时代韵律。他的这个转换过程，就是“古玩商品市场向古玩文化市场转型”发展阶段的形象浓缩，就是“古玩商品市场向古玩文化市场转型”大潮即将到来和正在到来的序曲。

由此，我想到了上午在座谈会上议论的另一个话题——“古玩商里的收藏家”。

过去一直认为，中国没有几个真正意义上的收藏家。因为收藏家的本真必须具备这样几个要素：热爱、收藏、研究、贡献。而不能把“买了就卖”当成收藏的第一目的。

而以往的国内古玩市场和古玩收藏浪潮中，恰恰是后者铺天盖地，前者凤毛麟角。

上午座谈会上谈到的“古玩商里的收藏家”这个话题，却在我的认知领域里掀起了一次颠覆性风暴。

那是在听刘新岩深情述说他收藏感慨的时候。

他几十年的古玩经销商生涯就是他几十年的古玩收藏生涯。他认为好的东西，有收藏价值的东西，到他手里就画上了句号，从来不舍得卖。以致经常让圈内的古玩商和收藏家望而兴叹，只能经常来他的店里饱饱眼福，听他讲述某件东西的收藏经历，某件东西特点的发现故事和这个发现故事的最新续篇。这些古玩商和收藏家几乎每次都会心满意足又带点儿惋惜地离去。

当然，刘新岩讲述收藏感慨的同时，也会流露出无可奈何的烦恼：没有现金。

“只有藏品，没有现金”，也许正是“古玩商里的收藏家”与通常意义上的收藏家相区别的关键所在。

而这个关键所在，也正是“古玩商里的收藏家”更值得尊重的地方。

刘新岩是这样，高长生也是这样。

他们倾其所有，包括钱财、时间、精力，收藏研究每一件不舍得卖出去的古玩，经年累月地在把玩中体味摸索，然后把这些古玩的研究成果，殚精竭虑地演变成出版物，时髦的话叫转换成古玩文化产品或古玩文化商品，从而惠及整个古玩收藏领域，成为这个领域里的翘楚。

他们比不上通常意义上的收藏家实力雄厚。但他们出于热爱，对藏品的用心程度会比通常意义上的收藏家更深、更烈、更执着。

从对古玩市场转型课题的研究中，我意外地发现了这样一批“古玩商里的收藏家”，像上面的例子刘新岩，像即将出版《大器小作——古典家具中的另类》的作者高长生。

他们是“古玩商里的收藏家”的典型。

古玩商里确实有这样一批收藏家。

这样一批“古玩商里的收藏家”，正是当前古玩市场转型大潮中默默无闻的核心动力，实实在在的推动者。

这一发现，我在编撰《癸卯中华古玩大典》中的《古玩文化名人榜》时最初萌生，刘新岩在座谈会上的发言使我最初萌生的发现脉络更加清晰，高长生的《大器小作——古典家具中的另类》和他之前出版的《中国瓷粥罐集珍考》《中国瓷器画面故事解析》进一步把我逐步清晰了的发现脉络上升到了理论高度。

他们共同使我提出的古玩市场转型说，有了具体的支撑和理论层面的提升。

从这个意义上讲，我很愿意为高长生的新作写序，更感谢高长生邀请我为他的新作写序。

高长生的邀请，使我关于古玩市场转型的说法，有了从感性认识到理性认识的飞跃式升华。

宋建文
全国工商联民间文物艺术品商会特邀会长
2024年8月9日

前　言

由于久居京城的缘故，和对父辈的聆教，自幼就对中国传统文化有着特殊的情感和喜爱。自从自己经济独立后，就开始对旧物、古物有了痴迷的追求，久而久之，加上童年的记忆里，姥爷、姥姥屋中的家具摆设与桌案上的瓷器给我留下的深刻印象，那种庄重感在我心中重生。在经济条件宽裕后就让父亲给我买些旧瓷器的各种摆件和一些硬木老家具。对这些东西有了一定的认识后，我就开始自己收买所喜欢的老物件，东西越买越多，知识面也越来越宽。

20 世纪 80 年代中期，我先后参加了几期文物鉴定学习班，再经过实践，自己的收藏经验也多了，但是由于储藏条件有限且收藏的物品越来越多，为了吐故纳新，我在 20 世纪 90 年代初就决定开店经营了，开始采取边收边卖的方式。自从有了门店后，接触的人员也多了起来，那时的老旧瓷器、木器家具很多，几乎每天在街上都能见到装满三轮车的旧物。

当时来自全国各地的送货人络绎不绝，几乎每个星期都有送货人来店里，而且送来的东西五花八门，有木器摆件、瓷器、文房用品、绣品老衣物、铜器、佛像等。在开店经营的同时，也激发了我的收藏爱好，觉得自己喜欢的就留下来。

经过多年的积累，从实物到经验都有了一定的储藏量，有的破旧小型木器类，就通过高超技术的木工师傅修复或翻新，加以保存收藏。为了使自己多年的收藏经历和对古物的认识不被遗失掉，多年前就决定把这些知识用文字保留下来，让以后从事这方面的人士从中得到启发。

缘分既是一种机遇，也是一种巧合。

因对古典家具的热爱，对中华木作的痴迷，我与刘建（龍吟）先生于1995年相识。两人的缘分，可以说是以“木”为媒介，这位时常将“高叔”挂在嘴边的小年轻，便成了与我探讨古典木器的忘年交。无论是材质、器型，还是器物的工艺制作、流派以及断代等，彼此交流的场景至今仍历历在目。而这一转眼便是29年的光景。

29年中，刘建（龍吟）先生随团队先后参与故宫、国家图书馆、恭王府等文化单位古籍的木作保护设计制作及中式家具的设计、复制等工作，也为上海“养云安缦”酒店等古建筑的保护与木作的运用等出谋划策。

在多年的磨练下，刘建（龍吟）先生积累了丰富的实战经验，其美学眼光与思维的蜕变着实令人刮目相看。

当前刘建（龍吟）先生已成立“合木泰”木作品牌，带领团队以“木以承志 创意是魂”为指导思想，奔波于全国各地。他们致力“静空间”的打造（书房、茶室、禅房、琴室设计），以及凝结中国当代美学思想的家具创新与制作，同时更专注于大器小作领域的研究和创意。秉承匠心、潜心实践，刘建（龍吟）先生与他的团队，在中华木作文化传承创新与发扬光大的道路上，正不懈努力着。

直到今日，我对刘建（龍吟）先生仍满怀期待，不仅因与其的木作缘分，更为当下有以刘建（龍吟）先生等为代表的具有新思想的木作传承人而欣慰！

木作小样，是传统木质建筑与古典家具在制作前期所特意制作类“样板”的重要构件，是反映古代木作设计与制作水准的原始资料。有了小样，就像话剧“样式雷”中所演示的那样，以小样放大样，最后再制作出完美的建筑和实用的各类家具。

因时代发展以及老一辈匠人的辞世，木作小样这一个不可或缺的环节，逐渐淡出人们的视线，落入了较为冷门的领域。当然随着传统文化的复兴，原来的木作小样，也有衍生成各种桌案上陈设品和各类底座的现象。

为给社会、给后人留下多年的实践经验，刘建龍吟先生与我数次沟通探讨，由我执笔编写此书。让世人知晓木作小样，让世人珍惜木作小样，为灿若星河的中华木文化在新时代弘扬与传播，尽微薄之力，是本书编写的初心。

目　　录

序　章

古典家具是一个笼统的概念，每个时期的造型都各有特点，家具在我国的使用和制造历史悠久，从出土的实物可以看出，在汉代时就已经有实用的木器家具，样式与后来有很大不同，如椅子要比明清时期的低矮，坐具的低矮就限定了桌、几、案等与坐具相对应使用的器具的尺寸。

家具的功能随着社会的发展进步，逐渐以实用兼舒适慢慢顺应着每个朝代的发展而形成。从有关文献中了解到，宋朝时期的家具就已经很有“现代感”，与元朝时期家具的发展有异曲同工之处。

民族的融合与交流加快历史前进的步伐，到了明朝时期，我国的古典家具制造，已经登峰造极，发展了四五百年后的今天仍以明式家具为时尚，在众多式样的家具中，都以明式家具为经典之作，明朝时期的案具造型得以完善，成为后代世人的追捧对象。尤其是在材料使用方面，明式家具更为突出，此后没有选出比明式家具用材更好的木质材料，现代家具只是延续，没有超越。

古典家具制作中使用的材料有多种木材，最为珍贵的木质种类分别是紫檀木、黄花梨木、乌木等，而在一些老旧的明式或清式家具中，使用的黄花梨木是不分越南黄花梨木和海南黄花梨木的，本人认为越南原来只是中国附属国（交趾国），它要定期进贡天朝（我国在明清鼎盛时期称为天朝）各种物品，其中包括木材，那时走陆路要比水路更为安全、快捷，但现在留给后人的越南黄花梨木材料及实物很少，故以海南黄花梨木成为极品。

紫檀木也并非只有印度产的好，我国的云南省也产有紫檀木料，只不过由于我国过度采伐，并且此种木材生长周期缓慢，生长面积又不是很大，使用开采的速度超过了生长的速度。印度紧邻中国，是中国的陆地邻国，生长着大片森林，这里有着大量紫檀木，其数量少于开采数量，从现存的遗物中常见于日常生活中的构件。中国产的紫檀木已濒临绝迹，现在印度产的紫檀木更多。

乌木的存世家具极少，故有“一乌顶十檀”之说，其他的木材还有鸡翅木、铁力木、酸枝木、（草）花梨木等，以及核桃木、榉木、樟木、榆木、杨木、楠木等，其存世量是较多的，后面所提的六种木材为白木，俗称柴木，尤其是金丝楠木为白木中的尊者，前面所说的四种木材为硬木，统称为红木，笔者总结黄花梨木为极品，紫檀木为珍品。

将黄花梨木与紫檀木所制造出的明清家具总结如下。

海南花梨、印度紫檀、前者为极、后者为珍，

精心制作、明清家具、明式简约、清式玲珑，

东方遗珍、举世无双、案头器具、多用二木，

前人受用、后者追求、发扬传统、光大文化，

国之瑰宝、流传至今、展现辉煌、再振中华，

瑰宝精品出、代代永传承、爱者不释手、慕者情于怀。

大器源于小器，小器生于大器，因为小器是大器的缩小版，大器是小器的放大体，工匠称之为放大样，小器型的实物就是木器家具的小样，涵盖的家具种类很广。

传统的明清家具在世界各地备受推崇，无论木材选料如何，它的制式以及独特的造型已经成为一种标志，一个东方古国的象征。

世界各地都以中国古典传统家具的存在为自豪，以拥有为骄傲，以观赏到它的流畅造型为满足。

明清家具一般用上等的材料（红木类）制作完成之后，打磨抛光后上（烫）蜡，这是北方匠师的工艺流程，南方匠师一般是磨抛见光之后刷透明漆，在木器家具行业称为“南漆北蜡”。白木家具中的“王者”是楠木，这种木材产于我国南方云贵川等地，其经济价值非常高，耐腐蚀、耐风化，不仅可以做建造房屋之材，还可以做厅堂内的家具等。金丝楠木也是不可多得的用材，其建造价值与实用价值不可小觑。白木器物制成之后，一般都要髹漆，俗称大漆（有的硬木器的里面和背面也有这种工艺），漆器家具虽然也是白木胎，但是又属于另一类家具品种。

小器的种类很多，厅堂、室寝、书房中各类家具均有缩小尺寸的器物，立式件、卧式件及各种形状都存在，制作使用的材料也十分广泛。这种小器制成后，一般都是作为桌案上的陈设实用器，成为桌案上的托架或是小型储物柜，放置手稿及文房用具等，如盆景底座、砚屏、桌案上的小书柜、博古架等。

明清两朝传统木作的分类很清楚，房屋建造的木构件制作者被称为“大木匠”，房屋中家具的制作者被称为“家具匠”，还有一种专做小件器物的“样式匠”，后称为“小细作”，做出的各类小样器物放置在书桌、案头或柜中，作为文房用品中的另类，本书重点讲的是古典家具中的另一类“小细作”，也是所要著述的“大器小作”的各类器物品种。

作为木器的另类“细作”，大器小作也另辟为一门类，它的起源应是在设计出家具样品后，先做成缩小比例的样式，然后以人们的需求和起居用途的舒适度为准，依此样式，按倍数放大制出家具成品。

“小细作”作为装饰件、实用器，常被文人放置于案头、书桌，还可作为围屏、砚屏、小书阁、小架柜等，已经成为文房、书斋中的用具，既美观又兼具实用性，这些器物遗存到现在，已经成为不可多得的文物，有着很高的研究价值。小器物的尺寸一般放大的倍数不会超过十倍，即单数的最高数九倍，这是因为在中国传统的观念中，九被视为最大的单数，从本书所著的各种器物中就可以看出，后面各章节将逐类把各种器物的品类做出比较详实的介绍分析。

第一章　案类品种

案类的种类很多，常见的有架几案、翘头案、平头案、书案（画案）等。案类的摆放是有规制的，一般尺寸大的架几案、翘头案、平头案通常放置在厅堂（客厅）大厅间。中堂家具则少不了这几类案子中的其中一种，书案（画案）和尺寸较小的案子一般都放置在书房，放置在书房中的案类尺寸一般比放置在厅堂的案类尺寸要小些。

书房的大小决定案类放置的形制。书案一般居于书房的中间位置，便于书写作画，一般小尺寸的各类案类，如架几案、翘头案、平头案等，都放置在书房的边侧。

自明代以来，所制作的桌与案的面芯板使用各种材料，多见瘤木芯（有多种树瘤），还有楠木芯、大漆面芯、石板芯等，也有用一种木材制成的，一木一器（一棵整树料）制作成为一件器物的称为满彻器。

从这些大型家具中衍生了案上案、案上桌和案上几等，以及各种形制的小器，而这些小案、小桌、小几等，又是大型家具中的制作范本（小样儿），也可以说居于室中的家具就是这些小器物的放大样，大型器具就是小型器具放大演变而制成的。

古典家具的种类多样，后面会逐一讲到几种案类的品种及造型，每个地方的形制是有区别的，生产出的样式略有不同，在前面已经介绍了常见的品种，后文会分别讲述几种典型的木质材料制作的案类，分别是翘头案、平头案、书案，它们代表着不同的产地及特有的造型。

一、黄花梨木翘头案

图 1-1 是一件黄花梨木制作的翘头案，属于大器型的翘头案，头有两种案面并存，一种是边框攒芯面，一种是独木案面，北方制作的案类多为四边框攒木板芯面，案面两头以暗榫或燕尾榫安装翘头，而作为小器的翘头案为了显示出它的精美，有的制作成石面芯，有的内框镶嵌瘤木板，还有的是“一木一器”，即一件木器使用同一棵原材料制成，内行人称为“满彻”家具。

图 1-1　黄花梨木翘头案

图 1-1 是一件案上案，它的用材是黄花梨木，形制是典型明式家具风格，以大器物制作方法制作成小器型，它最特殊的地方就是一改大器型案面的芯板所用材料，采用天然云石做芯面，增加了小

器物的整体美感，使外观更加精炼，剖析这个案子的各个部位，从中了解它的构件间的连接组合，发现与大器物的制作工艺是一致的。

此件小型器物用料考究，木纹清晰流畅，木质表面光滑温润，有着绸缎般的手感，下文将逐一分析它各部位的构件及连接方式，先从案子的上部案面说起，案面的四周边框用黄花梨料，攒框内装面芯，做工非常讲究，边框内侧开斜角形槽（石面芯的家具使用这种槽），石面芯四周边倒斜角与边框斜槽吻合，四边框连接处用45°对角明榫连接，案面两侧窄面对称，在案头处各安装一个人字形翘头，倒装的人字形像是下落飞行的大雁。

在案子下面的两侧，距离案面边缘横向向内约三个案腿大面宽度的位置安装案腿，这段距离称为“吊头”，牙板顶在案面的下方，牙板与案腿的连接方式为骑马榫，牙板两侧是浮雕云纹图案，案腿的形制外侧为裹圆形，内侧呈方形，为内方外圆状，腿子足部是八字形外敞。

案子每个侧面两腿间上下各有横枨，在横枨中间镶有一块透雕夔龙花板，下枨的底部，底枨下方的顶板，作为案腿的装饰托枨板，既起到了固定两条腿间的构件作用，又增加了整体器物的美感。

二、紫檀木翘头案

图1-2是一件“一木一器”制作的满彻翘头案，这件翘头案用紫檀木制成，木质颜色为暗红色，红中泛黑，年代久远，表层呈黑红色，器物的表面就像镀有一层亮膜，直观地给人带来深沉极致的视觉感，虽然是件小翘头案，但是它的形制构件与大器型翘头案的

工艺制作是一致的攒芯面板，这件小器物的工艺水平显示出了独到的细腻与精美之感。

图 1-2　紫檀木翘头案

将这件翘头案每个部位的细节逐步进行分析，整体分为三个部分一一说明。案面为四边框攒芯板，边框内侧打出直槽，芯板边缘开出直边薄沿，装入槽内留出伸缩缝量。天气干燥的季节缝抽出间隙，天气潮热的季节，缝则胀严，这是木板芯与石板芯间的区别，案面两长边框边缘部各安装一个翘头，案面的框边立面下方向下倒斜角呈倒八字形，框底边沿处起线，从视觉上增加了案面的厚度，而且边角也有圆滑过渡感。

牙板与腿部为骑马榫，紧顶案面下部，案腿外立面为指甲圆形，两边起线条衬托着指甲圆形更有立体感，案腿更有秀美、大气之感。牙板雕成双云头灵芝状的样式，并在牙板边缘处起线条，与腿部及案面相交的边框起出的线条融为一体，四面吊头处是对称的线条。

四条案腿与案面通过榫卯结构连接，案腿微向案面两侧处叉开，案腿下部安装托泥固定，显示出整体的稳重。两腿间镶有透雕灵芝图案的芯板，每个部分构件边缘处都制成起线条的轮廓，整体显示出紫檀作品的精美。

明式家具的制作整体质朴、大气、玲珑。这件器物的每处榫卯都透出明式家具自身的特有构造，明式家具在经历了几百年的传承至今仍然没有被超越。小器的物件作品沿袭大型家具榫卯结构的制作方式，每件流传至今的器物，都是我国传统文化精华的体现。

三、白木平头案

前文讲明清家具制作用料方面时，已经提到了使用的木材是多种的，接下来是一件由民间常见的木材（柴木）制作的器物，清式晋作桐木独板面平头案小器（图 1-3）。在厅堂家具中的平头案，独板面常见的用料以铁力木、楠木和榉木等的翘头案和平头案居多，京作和苏作的案类少有用独板面的，这件案上案虽然粗糙但是很有魅力，体现了清代家具的做工精华。

图 1-3　白木平头案

该器物可能是由民间小坊制作的，也可能制作的年代较晚，从时间来推断制作工艺，可能是晚清时的作品，这一时期精品的制作高峰已过，无论是从用料选制方面，还是测绘工艺方面都不及从前的平头案精美，更无法比拟前面那两件翘头案，它的形制特征明显粗糙，但是它的制作过程却保留了传统的工艺，完全是按传统大型家具榫卯结构制作。

为了更细致地了解这件平头案的制式，首先看它的主要构件连接，是采用最常见的古典家具的制作工艺，通过榫卯结构连接来固定这件器物的整体。

为了更清楚地分析它的构件连接方式，先从案子的上部分案面说起，案面是独板（一块整木开出），在案面长度方向把整个案面划分成六等份，两边截面的每侧六分之一处，案面宽度方向为明榫（透榫）与案腿相连接，它与前面所讲的其他案类制作不同的地方，在于案腿也采用了独板样式，中间部分镂空为灵芝如意图案，这种制作结构可以将案面与案腿更牢固地结为一体，案腿四周的牙板采用暗榫卯连接。

再来分析案子各个部分的工艺制作特点及特征，先从案面说起，案子的立面（案面厚度）方向分别采用了两种工艺，长度方向制作成双起线状，即在一定厚度的案面上分别在上、中、下制作出三条半圆形线条，通过线条之间形成的沟状凹槽来突出线条，这样既在视觉上增加厚度感，又增加了立体的美感，案面宽度方向（截面）处的工艺采用倒八字下斜式坡角，从整体观赏角度看，线条处有缓冲过程。

案面与案腿侧立面的双起线呈45°斜角相连接，案腿的底部各有托泥木固定，托泥木为整木掏膛，挖空中间部分留出站脚，显出腿部的挺拔与俊俏的整体美感。

案面与案腿四周衔接处的牙板图案很简单，为线刻云头如意状，凹下去的线条与案面及案腿的起线巧妙地结合在一起，两侧的封堵板为素面与案面的倒八字截面融为一体，从整体视觉效果上看，有一种大气、庄重、沉稳的感觉。

四、楠木画案

前面讲了几件案类，有翘头案和平头案，案类的高矮尺寸决定它的用途，一般高于桌类（八仙桌）的应归于中堂家具之列，还有一种与桌类高矮相同的应归于书画案类，图 1-4 的这件画案样式的小器应该是明代早期或更早些的作品，因为它的造型有宋元的风格，所用材料不是紫檀木及黄花梨等硬木，而是楠木（金丝楠木），属于柴木案类制品，是柴木家具中的珍品，它的木性特点是耐腐蚀、不被虫蛀、不易变形，而且这种木材还具有淡淡的香气，使用的年代越久，木纹越会显出金丝状的纹理。

图 1-4　楠木画案

从这件画案小器的造型可以看出用料的厚重，外观简洁大气，可以认定是江苏地区苏作工早期作品，前面说它用料厚重，仅从案子整体不惜材料的制作方式就可以看出案面是选用整块独板加工制作的，没有任何的花纹作为装饰，它的每处工艺都有着实际作用，案面与案腿的连接也不同于前文所叙述的，没有那种繁复的连接方式。

它的连接构思独特，制作方式简洁，在整体案面的背面（底面）将其分成五等份，再将两端各五分之一的中心位置开出内宽外窄的一道通槽，截面像是倒双梯形，称为“燕尾槽”，俗称“大小头儿”，为的是与案腿的“燕尾榫”紧配合，目的是防脱槽、防晃动，因为古家具初期制作是不用黏合剂的（胶类），这也是中式家具制作的精华所在。

再看案腿的独特造型与连接方式，每边的案腿由四根圆柱形立柱与上下（天地）枨相连，横枨是由两块长方形独块整木做成，对称方向倒角起线呈现出大小面，表面看起来美观，也是为了消除应力，四根柱形腿分别在外侧两根柱腿做成上下同榫与上下枨连接，下枨又称为“托泥”，通榫处背楔加以固定，使得案面两端的案腿成为单独固定的支点。

再分析案面与案腿的整体连接，它们之间由榫卯结构连接，前文提到案面的底面开出的燕尾槽与案腿上部的横枨开出的燕尾槽（此制式正与燕尾槽是反相制作），组装时为了使槽榫紧配合，在案面底部的燕尾槽制成由宽变窄的尺寸方向，向尺寸窄的方向敲打推进，使案面与案腿平齐即可，做工严谨的槽榫都是有一定高度的。

整体分析这件苏作画案的小样制作构成后，再看画案小样的实际尺寸，长度为33厘米，宽度为13.7厘米，高度为8.5厘米，因为这件器物是小中见小的实物，就把其放大到单数的最大倍数，即是 9 倍，这样算来就是一件超大尺寸的实用大画案了，它的实际尺寸为长 297 厘米，宽 123 厘米，高 76.5 厘米。

五、红木画案

图 1-5 这件小器同样是明式的案类，是制式不同的一件平头案，它的形制与前面那几件案类从风格造型上看是有差别的，制作使用的材料也略有不同，与前面那两件翘头案同属于硬木类之列，是用红木（酸枝木）制作而成的，它简练的造型显示出特有的明式家具风格。

图 1-5　红木画案

它的整体造型没有任何雕工工艺，特有的简约造型展示着整体器物各个部位的线条，这正是明式家具的精华之处，将这件小器分为三个部分，自上至下分析各部位的构造连接方式，从案面、牙板及案腿依次说起。

案面是四边框攒芯板面，芯板背面由三根暗枨相托与案框内侧榫卯相交，托住面芯板，案面边框外侧下倒反八字斜角，下边有一条台阶状内缩线条，从视觉上增加层次感，从器物结构上，相当于给案面边框加了一道筋，起到了增加案面边框的强度作用。

案面下边紧顶着支撑案面的牙板，与在案腿上安装坠角的45°斜角处交会，在案腿与案面的连接处大约整个案面七分之一距离的悬头处，牙板与坠角也是45°斜角相连，与案腿两边形成对称衔接角，整体牙板用榫卯连接固定，四周形成一个固定的框架，紧紧顶住案面。

案子各处都由榫卯相连接，案腿与案面也不例外，采用暗榫卯结构，案腿上部两侧凿出暗卯与开出明榫的坠角连接，牙板与坠角45°相连接，采用榫卯固定，案子每侧边的两条案腿在中间部分等距离处，分别有两根横枨，把两条案腿横向用榫卯连接，使腿与枨固定在一起。

从整体看，这件平头画案通体造型线点明快，没有繁复的装饰纹，呈现出素雅的外观。每处连接构件的线条都彰显出简约质朴的明式家具风格及整体的明快线条之美，这件小器平头案的各部位尺寸长37.5厘米，宽10.6厘米，高13.5厘米，如果把它的尺寸分别放大6倍，就是一件尺寸长度225厘米，宽63.6厘米，高81厘米的厅堂实用家具。

这种平头案是典型的明式家具，不应混同于条案，也不能混同于翘头案，其长宽之比大于5：1，而高度也高于桌类案类，这件平头案应是用于书写作画的书画案。

六、紫檀木画案

同样作为简洁明快的案类器物，结合前面那件楠木案画小器的制式，再讲一件明式紫檀木云石面芯画案小器（图 1-6），它们简约的造型各有不同，前文讲述过一件全红木（酸枝木）平头案与这件画案小器造型相似，只是工艺更精巧，尺寸不同。明式家具的造型具有简约的特点，前面已经介绍了每件器物的整体造型结构由功能构件组合而成，极少有纯为装饰而设计的部件。

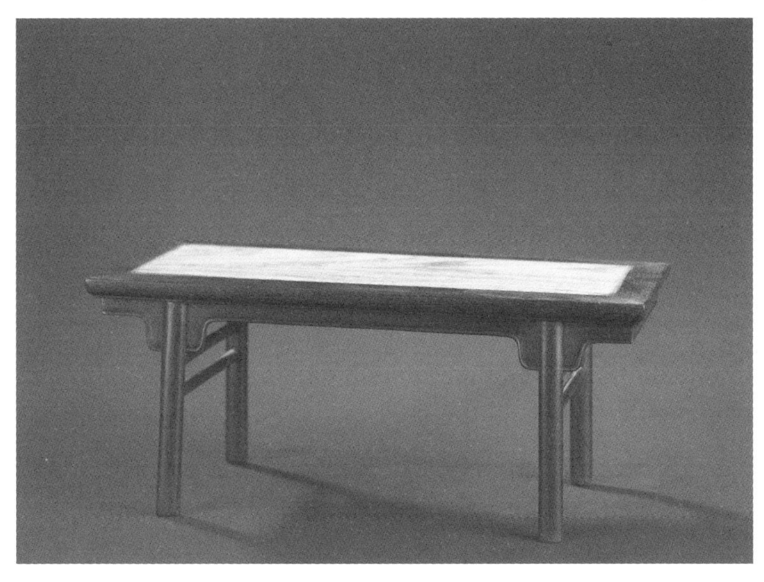

图 1-6　紫檀木画案

从这件画案小器的制作形制就能了解明式家具的构造内涵，它在制作用料方面各部分都显示了主体的纤细之美、明快之感。该件小器画案为四条圆腿骑马榫穿坠角顶牙板，腿子上部每边的坠角与牙板榫卯相结合，牙板及坠角边缘起线条作为装饰造型。逐步分析该器物的构造组成，从该件画案的上部案面开始分析。

案边框外侧做成向下的坡角，倒圆角光滑过渡至框底部。由收缩状的直台阶形成一条线状。这条线状台阶从视觉可以增加厚重感，从制造工艺上有层次的美感，相当于在边框下边加了一道筋。

框内侧开出一道坡形凹槽，将石面芯嵌入槽内，四周边框将面芯紧紧固定住，面芯四个边角圆弧过渡，这种制作方法是为防止木料与石料因热胀冷缩的膨胀，出现直角与直角之间顶撞开裂造成相互的破坏。

案面下边是通长牙板顶住案面，作为支撑它的固定连接，在案腿上部开出通槽，槽的上边也是由案腿的榫与案面上开出的卯相连，整体牙板四周对角处由暗榫固定，牙板是靠案腿与案面间榫卯固定来锁住牙板，案面下部的每边两条案腿分别由两根横枨榫卯相连，固定成为一体，为了使长牙板的长度方向不发生颤动，每根案腿两侧分别各有一个坠角，坠角与牙板 45°斜角相连，斜肩式坠角垂直方向与案腿榫卯相连，顶住牙板下端，为了使牙板的整体美观，在牙板与坠角下部边缘处刻出细条状的轮廓线作为装饰线，使得牙板与坠角融为一体。

这件小器画案的尺寸为长 28.5 厘米、宽 13.2 厘米、高 12.1 厘米。如果把它放大 7 倍，即长 199.5 厘米、宽 92.4 厘米、高 84.7 厘米，就是书房中的一件大画案。

小器物置于大器型家具之上透出了大小之间的差距，它们的功能用途不同，小器物放置大型家具上，透出文人对室内陈设的要求，如果大案上放置一个小几或圆或方，几上再放一个香炉焚上支檀香，既可清新室内空气，也可醒脑提神，再如书案上放置一件小器方桌，既可放置盆景美化书房，也可放置一个水呈或印盒增加气氛，从视觉上疏朗有致、方位有序、去繁求简。

七、红木平头书案

前面讲述了几个不同年代的案类造型和不同木材的书画案，下面讲述的是一件红木画案小器（图 1-7），这件小器制式为清代家具的样式，材料是红酸枝（老红木），木质颜色为栗红色，案子的造型是典型广作的制式，广作家具的外形有两种，一种是框架内侧边缘起线条，线条围绕器物内侧相互连接至腿底足部，还有一种整体器物通体素面，最大的特点是牙板与缩腰条是一木连做。

图 1-7　红木平头书案

将这件书案小器各部位的结构及连接方式自上而下从案子的案面部分开始分析，案面边框内侧开直槽，面芯板四周边缘薄于芯板的厚度，为的是便于木面芯板的伸缩，案面外围四框外立面的边、角衔接处圆弧过渡，案面的上面与案面背面向下垂直倾斜呈倒八字形，从截面处看是上宽下窄状，所使用案面的芯板材料是瘿木芯面。

再看案面下边的牙板与束腰（缩腰），前文已经讲过，它采用一木连体二合一制作完成，这种制式是广作家具，苏作家具和京作家具制作上的区别在于苏作家具和京作家具的束腰与牙板是分开加工制作的，即束腰是一块料，牙板是一块料，然后将燕尾榫在两构件的背面穿接在一起，与案面相连接，而广作家具是没有这道工序的，直接在牙板上端制成内凹形指甲圆状，由一木制作完成，代表是束腰与案面边框底部相连接。

四根案腿是素面内翻马蹄形，马蹄的造型曲线过渡不大，只是直线形向内收缩，制作成平足状的内翻足，略显粗笨，没有明式家具线条的美感，牙板的对角衔接与案腿是45°，斜角暗榫卯连接，牙板与案腿的连接是圆弧过渡，其制作不惜材料，体现出一种粗犷的美感。

四根案腿立度与强度具有稳定性，除了每根案腿都有一定角度的外倾，靠的是四周四根罗锅枨与案腿通过叉肩明榫相连接，案腿的外立面露出有榫头（透榫），叉肩榫与案腿中的暗榫形成双榫连接，罗锅枨与牙板的固定支撑是靠卡子花作为支撑点，长边的枨子每边有两个椭圆形卡子支点，两个侧面的枨子只有一个同样的卡子花支点，案子的整体造型没有任何花纹，通过线条来修饰自身，整体画案的造型显示出自身的明快，大气脱俗，具有稳重之美，这是典型的广作家具小器，以上分析的各个部位在广作家具中任何一件器物中都有能体现出来的地方。

再看这件广作红木书案小器的实际尺寸，长45.1厘米，宽21.3厘米，高17.3厘米。如果把它放大5倍，这件书案长225.6厘米，宽106.5厘米，高86.5厘米，在实际应用中就是一件大画案了。

第二章　桌类品种

桌类的品种很多，形制也是多样化的，有几种桌类是生活中常见的，本章节讲述几种典型的桌类，首先是条桌，它的形制与案类和桌类是有共性的，条桌的造型是集平头案与半桌于一身的派生体，它自身一般比条案的高度要低，长度要比半桌的尺寸长。

条桌是条案与半桌两个品种器物的衍生品，只不过条桌的种类比半桌的种类要多，一般条桌是放置在厅堂或书房内的一侧，靠墙体摆放，它的用途是在桌面上放置各种材料的观赏性艺术品，或放置备用的纸墨、书籍等习文书画之类的用品。

而半桌的尺寸与造型又和方桌有着相应的联系。半桌顾名思义就是方桌边长的一半，即称之半桌，而半桌又是成对生产的，两件半桌的宽度对到一起即成方桌。此处还有半圆桌又叫月牙桌，也是成对生产，它的直径长度是圆桌直径的一半，从而衍生出六角桌、八角桌等各类多边形桌，在本章节不再陈述。

一、红木条桌

这是一件红木（酸枝木）小器条桌（图 2-1），它的造型是清早期风格，形制简练大方，桌面为四边框内装独板攒芯，边框的外侧为裹圆状，与下边的牙板相呼应，牙板同样是裹圆状。整体看上去就像双拼半圆的泥鳅背，牙板与桌面之间没有束腰板，只有一条凹下去的线条，表明是两体合一。

图 2-1　红木条桌

牙板与桌腿展现圆柱形体的造型，在桌子上部采用 45°斜肩暗榫双碰肩方式，桌腿与牙板相连接，桌腿顶部做成方形直榫与桌面暗卯连接，桌面边框与桌腿和牙板之间是采用这两种构造方式连接的。

牙板与桌腿之间的支撑连接是用衬角（牙角）相互固定，衬角（牙角）制作成素面双曲线状蝶翅形，两直面开出榫头，榫卯结构框对称连接，桌腿做成圆柱形内翻马蹄状。

直观这件小器物的整体效果，从视觉上能感觉到它简约的造型及明快的线条，没有繁复的连接构造，它的各个部位结构的连接都有着明式家具的遗风。

这件条桌的长度是 23.6 厘米，宽度是 8.1 厘米，高度是 10.2 厘米，如果把它的尺寸放大 8 倍，即长度 189 厘米，宽度 64.8 厘米，高度 81.6 厘米，正是适合放置厅堂或书房中的一件条桌尺寸。

二、红木半桌

半桌的造型应是将条桌的长度缩短，半桌长度的尺寸是宽度的倍数，即宽度是长度的二分之一，半桌又是方桌正方体的一半，是指桌面尺寸的长度、宽度，半桌的长度应是两个宽度之和，两张半桌的宽度加在一起就是一张方桌，两张半桌相连就有了条桌的功能。

在中式家具的设计制作过程中，一般都是成对生产的，只有少数的家具只会做一件，图 2-2 的这件半桌就是成对制作的，两张半桌的宽度之和就是方桌的长宽，两张半桌连到一起就可以组成一张条桌。这类家具既可以分别使用，也可以拼凑在一起使用，类似的还有半圆桌和六角桌等。

前面讲了两件石面芯不同类型的案类，图 2-2 这件半桌的面芯也是使用的石面芯，后面讲的方桌器物有时也会讲到使用石面芯板的，这类石面芯板的使用在一些大型家用实用器物中经常见到。

图 2-2 红木半桌

可以看出这件红木（酸枝木）半桌小器的形制，它的造型是一件四边攒框内镶石面芯，有束腰带“霸王枨”，内翻马蹄腿的半桌，从它上部的桌面结构开始逐步分析，将桌面束腰（压条）、牙板、桌腿及连接桌面与桌腿的“霸王枨”各部位之间构件的连接和相互间的关系加以说明。

半桌的桌面是由两长两短木框作为边框，框内侧开出上直下斜的槽，将石面芯板嵌入，边框外侧倒出反八字形斜角。斜角边沿处起线条交会于边框四周。

束腰（压条）制作成素条状，压条上边紧顶桌面底面，压条下边与牙板相连，牙板上边紧顶压条，牙板与桌腿用45°斜肩暗榫卯连接，桌腿顶端作出方直榫与桌面边框四角用暗卯固定，各个部位的构件紧凑地结合在一起。

桌腿为素光面桌腿，内侧边缘起出线条与牙板的线条相交合，桌腿下足做成内翻马蹄形，每根桌腿与桌面底面（背面）都有一根弓形斜枨相连，俗称“霸王枨”，从使用的角度看，可以增强桌子整体强度，使桌子的上半部与下半部结合得更加牢固，从审美方面看，造型透出了内外的层次感。

这件半桌小器外观造型属于清代早期的式样，但是它又有着明式家具简洁、明快、玲珑秀美的特点。

三、黄花梨木方桌

长方形的桌子已经讲了几个类型，这几种类型无论是尺寸上、造型上还是工艺制作方面都各有不同，而且各类桌子的用途也各有不同，大致讲了制作工艺，又讲了几件木质材料不同的桌类。下面再讲述两件用材不同、形制不同的方桌小器，首先是一件黄花梨小器（图 2-3）。

这件小器是明代黄花梨木，桌面攒框镶石面芯方桌，自上而下分析各部位构件，桌面边框是用扁方木做成的四方形框，框内侧开槽镶石面芯工艺，前文已经讲过它的工艺流程，不再重复。

图 2-3　黄花梨木方桌

这件小器外观整体素雅，桌面以下各个部位没有任何花纹饰件，高束腰素牙板，束腰与牙板是一木连做制成。每根牙板的边角与桌腿相连接，束腰紧顶桌面下方，结合成一体，牙板下边沿制成波纹状的曲线，作为整体器物的点缀。

牙板以下四周每边有一根制成弓形的横枨与每面的两条桌腿相连接，四根横枨与桌腿直碰肩通过榫卯结构连接，这种中间隆起造型的横枨在家具行中的术语称为“罗锅枨”，这件小桌枨与腿的连接方式与其他小器物的连接方式不同，一般古典家具的制作工艺都是以斜肩方式连接，柱（腿）与枨或半榫或通榫相接触的榫卯，而这件方桌小器却是采用直榫连接的方式。

桌腿与桌面是用直榫对暗卯上下连接，束腰牙板以对角包榫的工艺将桌腿围住，束腰牙板与桌腿通过 45°斜角暗榫连接，牙板与桌腿、桌面固定成整体，与“罗锅枨”使桌子整体完美地结合为一体。

桌腿足部为素面内翻马蹄形足腿，整体上方桌小器自上而下观看，展示出简练的线条美以及明式家具简约的风格。

整体方桌小器的尺寸，长度与宽度相等是 19.6 厘米，高度是 16.6 厘米，如果把这件小器放大 5 倍，就是日常的中堂家具中方桌的尺寸，它的实际尺寸就是 97.5 厘米见方的桌面，高度是 83 厘米。

四、乌木方桌

同样是明式的造型，同样是珍贵木材，同样是方桌小器，同样也是石面芯桌面，这件小器使用的木材是比紫檀术还稀有的乌木，从外观看去它比前面讲的那件黄花梨木方桌小器更为简约，更为精美（图 2-4）。

图 2-4　乌木方桌

下面将逐一分析这件器物各个部位的构件与连接方式，桌面是石面芯，采用的是内镶法，桌面边框内侧面开出斜槽嵌入，所有石面芯的安装都是采取这种方法。桌面边框外侧立面制作工艺是上宽下窄，呈现向下的斜坡状。边框四角的衔接是45°斜角相互连成直角榫卯结构连接，一般桌类器物的桌面及案、几、椅、凳等方形面部的外框造型基本都是一种形制，这件方桌小器的桌面部分得到了很好的体现。

它的下半部分制作工艺是很简约的，牙板顶未腰（牙条）束腰四个边角与桌腿采用扣榫，包在桌腿上部的直榫头下部，高束腰下边的牙板与桌腿是制成圆角的过渡形状，与桌腿斜肩暗榫连接，牙板边缘处起线条与桌腿内侧线条弧形连接至桌足的内翻马蹄足处，整体结构的各个连接件及连接点非常简洁，简而不俗，洁而明快，具有典雅风格。

这件器物通体乌黑，反映在桌面上黑白相间的石面上分外明显，使这件看似纤细的小器方桌在整体上形成一种简洁的沉稳，这件器物有一种小中见大的感觉，它的实际尺寸为长14.1厘米，宽14.2厘米，高11.5厘米，如果将它放大7倍，则是一件长98.7厘米、宽99.4厘米、高80.5厘米的厅堂中常用的方桌。

五、六角圆桌

在桌类里这件桌子（图2-5）算是“异形”了，这是一件六角圆桌，这类圆桌又不同于正圆形的桌子，圆桌的桌面直径是一个对头的直线尺寸，而这件六角圆桌有两个直径，一个直径是角对角的尺寸，另一个直径是边对边的尺寸，这类的桌子还有八角桌，桌面有两个直径，而普通圆桌基本都是一个直径，即面头对面头，尺寸对等，这件虽然是多角，但还是属于圆桌一类，在拼接桌面时都是多角相对应的，以钝角相连接。

图 2-5　六角圆桌

下面将逐步从上至下来分析这件六角桌各部分的结构与造型，桌面部分外围边为六块大边料拼成六角形，边框外边是下倒斜面棱角，圆弧过渡，最下方起直线条交为一周，圈边框内侧起槽，平装面芯板与桌面边框平齐，面芯板下面由横枨顶住，以防桌子在受重时下塌开裂。

顶在桌面下方周围的是六块高束腰的束腰牙条，每块束腰板上都开有四周起线条的鱼门洞，从这种束腰的制式就可以判断出它的制作工艺和生产地区，可以断定是属于哪种制式的做工，逐步分析完后就能明确它的归属。

再往下看桌子牙板的造型，牙板外彭突出于桌面的直径，每块牙板的制作都是一致的，以浮雕为主题，雕出以线条及云珠纹组成的图案，在两边雕刻出左右对称的云角，角外侧起线与桌腿中心线相连，牙板制作成三点突出状，即牙板的中间及两边高出于牙板中间中心点的两侧部分，牙板与上面的束腰条紧紧相连，束腰和牙板固定在一起，为的是使桌面与桌腿固定成一个整体。

下面再分析桌腿的造型构造，桌腿为三弯型，腿的中心点雕刻出高于桌腿平面随弯就弯的一条线条，与上边腿子两侧的牙板起线处相连，下边一直连接到桌腿的下部上端游雕芭蕉叶的叶脉叶尖处，腿的足根部为外翻式马蹄形，两侧浮雕云珠纹与牙板图案相吻合。

桌腿与桌面的连接是直榫顶直卯紧配合在一起的，桌腿与束腰和牙板分别是用锁扣榫和斜角榫卯相交合。最下边是为了使桌子整体起到稳固性的关键部件“托泥”，这件六角托泥的造型与上面的造型一致，采用的工艺是制作成滚圆型的罗锅枨状，与桌腿的角度一致，六条桌腿在托泥木下边的是六个足脚对称支撑，足脚制作成中间缩腰打洼形，起到了固定桌腿的稳定性和整体的防湿作用。

通过上述对各部件的分析，从制作工艺的形制可以断定这件器物属于苏式做工，为高彭牙工艺制式的一种。

再来看这件六角桌小器的对应尺寸，桌面最大直径是 18 厘米，高度是 13.4 厘米，如果放大 6 倍，这件桌子的实际尺寸直径是 108 厘米，高度是 80.4 厘米，是一件典型的苏式家具。

六、红木圆桌

人类在制造器物时，最早是以石料制成必需品，后发展为以泥土为原料制成陶器，随着社会的文明进步和人类智慧的发展，在制陶的基础上又制造出更为坚实耐用的瓷器，瓷器通常制成圆形，制成方形或多边形的器物只是作为观赏器，因为方形或多边形做胚难度要大于圆形，所以在瓷器中就有“一方顶三圆”之说。

中国的日用品和艺术品多以方形或圆形为主，也有异形的样式，不管是金属类、陶瓷类或是竹木类都是如此，这里主要讲木器类，前面讲到各类木作的器形多为正方形或长方形，古代中国人的传统思维认为天是圆的，地是方的，所以在制作的桌案类上摆放的多为圆形的各类器物，随着人们的审美观在生活中的改变，在后来木器制作中就出现圆形器和多边异形器。

因为制造工艺不同，制作出的器物在原材料的利用和制作上也不同，对制瓷业而言，方形比圆形难度大，对木器制品来讲，制作工艺方形反而要比圆形更容易。

前面讲的桌案类多为长方形或方形，只讲了一个属于异形器的六角形桌类，下面再讲一件圆形的桌类（图 2-6），在木器器物中有一种与陶瓷器相反的说法：“一圆顶三方”，因为长方形或方形的对角是 90°直角连接，如桌面、牙板等地方的交会处是以两个 45°对角相连接的，即夹角为 90°，四根边框围成长方形或正方形，而圆形桌边框则不同，一个圆桌面多是五根框料拼接成圆形，它的连接角度的对角是 36°，夹角是 72°，圆周为 360°。

下面就从桌面部分的制作开始分析这件圆桌各个部分的连接结构，从图中可以看出，这张桌子是五拼五足绳纹造型，桌面是用五根边料拼成的一个圆形，每个边角对接单边角度为 360°，符合圆周的尺寸制作工艺，圆形的边框一般采用的是套料法制作，将一块有两个或多个边框的厚度，按照所需的弧度纵向锯开，然后按所需桌面边框的厚度分别横向锯开，再画出所需要桌面的直径尺寸，开出斜角的榫与卯。

图 2-6　红木圆桌

这件圆桌的外圆制作成泥鳅背圆状，桌面边缘起拦水线条，内侧的形框开出一定深度的薄槽，用来镶嵌桌面芯板，面芯的圆周伸出缩缝，保持桌面的一致收缩尺寸。

再分析桌面以下的平板及桌腿的造型和连接方式，平板的造型是雕刻成麻花绳纹状的图案，平板与桌边框采用的是一木连做的方式，平板雕出双头绳纹状，花纹中间镂空，每块平板接口处分别有两个接头，桌腿的造型雕花与平板是一致的，在每条桌腿的连接处雕成双麻花绳纹状的连接点，平板的交接点与每条桌腿的一个接头连接，这样形成平板与桌腿都是“一占二”的连接方式。

这样的榫卯连接方式是为了增强桌腿的强度，采用的这种工艺是将桌腿与平板双向连接，即每条桌腿的上端接榫同时与两块平板的卯连接，桌腿上端麻花状绳纹造型的两个出头榫与两块平板的一个卯各自连接固定为一个接头，将平板与桌腿固定。

这种连接方式是每块平板各占两条桌腿的一个榫头，彼此相连，五块平板将五条桌腿分别相错地交叉连成一体，这张桌子的巧妙之处是桌面与平板是一木连做，桌面边框与平板制成内外凸形，上面边框制成素面，下边平板雕出绳纹麻花的装饰图案形状。

桌腿下边是用罗锅板固定的，板子下边的托泥是为了与固定腿板一致，采用的同样是罗锅板形状的托泥足，使得这件鼓形器圆桌的各个部位连接得恰到好处，从欣赏角度既是一件观赏器又是一件小型的桌案实用器。

这件圆桌的尺寸，桌面直径是 15.2 厘米，外形最大直径是 20 厘米（是指圆桌中间膨出的部分），高度是 16.2 厘米，如果把它放大 5 倍，它的实际直径是 76 厘米，外形中间的直径是 100 厘米，高度是 81 厘米，是一件典型的苏式实用器。

七、紫檀木圆桌

圆形的家具器物在日常生活中是常见的，但是这类家具并不常见，因为这类的桌几在制作工艺上费工费料，在我国家具类的工艺制作中，根据各地区工匠师的制作手法分出流派，如在京城和江苏一带是惜料不惜工的，因为这些高档木材来自遥远的海外，取之不易，做出的家具式样玲珑秀气，而像靠近口岸的粤、闽地区的制作工艺是不惜工料的，做出的家具就透出敦实厚重的感觉。

这两地制作家具的厚重主要体现在各类器具的板芯方面，如案类、桌几类，坐具类的板面多用一块独木制成，不像其他地区采用边框攒芯板，但这也不是绝对的，在粤、闽这两个地区也有攒框装各类芯面的家具。

前面讲了一件花梨木苏式圆桌，再讲一件闽作圆桌小器（图 2-7），通过这件圆桌与前面那件圆桌的对比来分析这两件圆桌的不同之处和制作工艺，从整体上看这件圆桌小器的厚重及制造工艺的简练。

图 2-7 紫檀木圆桌

首先从桌子的桌面部分讲起，从桌面的形制可以看出与前面那件五边框攒芯板面圆桌的制作不同，这件是一整块木裁截制成的桌面，这种看似简单的制作工艺，实际上对工艺的要求是很高的，第一要选择不易变形的木材，第二要求木材的缩水率要低，前面在案类一章中讲到了一件楠木独板面的画案，与这件有相同之处，也有不同的地方，画案板面虽是独木面板，但是因为面板大，在制作时面板下方的两端各开一道燕尾槽，一是为固定案腿，二是人为安装两条穿带，保证案面不开裂、不变形。

这件圆桌面是由一块单独的木材制成的，从制作中可以看出对其面芯板的要求是相当高的，整圆的桌面无任何装饰图案，桌面周边制成指甲圆状。

再看桌子的支撑，是独木式站桩，桌足是十字交叉抓地形站脚，站桩的造型呈烛台状，桩的上端制成方榫头，桌面中心的底面开出方形卯，桌面与站桩榫卯结合成一体，站桩下端开出十字交叉的空卯，站脚中间由两块较薄的木板制成，两头凸的是弓形站脚，再分别将两块站脚板的中心部位开出有上豁口和下豁口的透卯，十字交叉与站桩下端的空卯连接在一起。

这件圆桌的工艺看似简单，但是可以看出工匠的高超技艺及智慧，这件小器的实际尺寸桌面直径是 11.1 厘米，高度是 10.5 厘米，如果放大 8 倍，实际尺寸桌面直径约是 89 厘米，桌子的高度约是 84 厘米，是符合江南人们所需要的实用尺寸，在江南地区木材较北方是相对充足的，这件小器圆桌使用的是上等的紫檀木制作的。

八、红木琴桌

我国的古典家具有很多种类，它们的用途和使用功能各不相同，分别置于放厅、堂、室、房中的不同地方，发挥各种器具的使用功能，有一种特定置放一种器物的桌子叫琴桌，这种桌子的造型有多种样式，选用各种木材制成。琴桌的使用由来已久，从有关资料看，在宋代及以前多为木质漆器类，一直沿续至明清时期，即在制成的白木器上髹漆做成成品，封住木材上的棕眼，不易变形，外表光亮美观而且耐用，古琴放置在桌面上，弹出来的音质醇厚优美，婉转动听。

这节就以现有实物讲一件红木（酸枝木）明式造型的小器(图 2-8)，这是一件两围下卷式琴桌，琴、棋、书、画之间都有割舍不断的牵连，与中国的传统文化一脉相承，这四种内涵不同的文化都有特定的桌、椅器具配套使用，这也就有了家具方面的发展，使得传统家具在使用方面更加细化。

图 2-8 红木琴桌

下面就将详细分析一下这件琴桌的制作工艺，用材为三块尺寸较厚的板料（独板面），先加工成两短一长一样宽度的尺寸，两块短些的板作为桌腿，长料作为桌面，在桌面两端开出 45°斜角，预留做出榫头，与左右两侧的独板作为桌腿连接，桌腿斜角处作与桌面相交错的榫头连接，从外观看，连接处是看不到有榫头的，这种工艺称为“闷榫”，即把两端的榫头埋于斜角之内。

为了造型美观，也为了减轻桌体的重量，防止整板的开裂，以及减轻搬动时的自重应力，在腿部中间镂空雕出灵芝状图案，边缘处起阳线作为轮廓装饰，桌腿底部做成内翻马蹄状，雕出回纹线条。

整体上看，琴桌桌体既敦实厚重，又不失玲珑之美，简单的造型，简练的连接，更能显出古典之美，放置古琴更能体现一物放置一器的特定之选，这件小器的整体尺寸长为 17 厘米，宽为 4.8 厘米，高为 9.6 厘米，如果将它的尺寸放大 7 倍，即长度是 119 厘米，宽度是 33.6 厘米，高度是 67.2 厘米，正是人们所需舒适的弹奏古琴的尺寸。

九、黄花梨木棋桌

前文讲了一件红木琴桌小器，现在按琴、棋、书、画的顺序再讲一件棋桌（图 2-9），棋桌有两种制式，一种是高的类似八仙桌的制式，桌面没有八仙桌大，是在椅凳上对弈用的；还有一种是放置在床榻上的类似炕桌一样高矮的棋桌，要讲的就是一件黄花梨小器矮棋桌，木器器物制作的长度、宽度和高度决定其用途，中式家具有特殊性，在生活方面是很受居住环境影响的。

图 2-9　黄花梨木棋桌

这件器物是一件观赏器的底座，无论原件尺寸大小，只要由原尺寸用倍数放大，得出的数据就可得知它的实际使用尺寸，因为中式家具的设计是以人体学来制作出适合的舒适度尺寸的，具有美观性、实用性和舒适性。

美观性例如明式家具以造型线条为美，清式家具以繁复雕刻为美，实用性与居家生活密切相连，舒适性是按人体的高矮来设计出坐具、桌类和案类，卧具是根据人们小憩与睡眠需求来制作床榻、躺椅等。

从直观上分析这件小器方桌，它的造型为方形，高束腰，彭牙三弯腿，足下有托泥木，是一件典型的明式造型的器物，接下来自上而下逐一分析它的各部分结构。

桌面为正方形，四边的边框外立面倒斜角向下呈反八字形状，底沿边起出线条，框内侧开槽平镶桌面板，面板为二拼板装芯，框边角为 45°对角榫卯相连，牙板与牙条（束腰）一木连做制成，可以看出这件器物的大气之处，也可以看出明代或清代早期的制作工艺流程比起单独束腰、单独牙板来说相对是省工省料的，但是它使用的都是比较大的原料，这也跟制作的地区是有很大关联的。

再看与桌体相支撑的桌腿造型与连接，桌腿是三弯收足形，四腿之间由托泥木连接支撑，这种外翻式的桌腿可以增大桌子的受重力。从整体造型上看每个部位的制作线条流畅，桌体外形美观，具有使用方便、观赏性强等众多的优点，根据以上分析这是一件粤作器物。

这件棋桌的整体都是榫卯结构连接，而且各部分的衔接非常缜密，眼子与束腰牙板是用双榫头对双卯固定，这件小棋桌桌面的尺寸是 13 厘米见方、高度是 6.6 厘米，放置于桌案上是一件很雅致的文房小器的底座，如果把它放大 5 倍就是一件非常实用的床榻上对弈的棋桌实物。

十、榆木书桌

前面已经讲了有关传统文化方面所用的两件小器桌类，即红木（酸枝木）琴桌和黄花梨木棋桌，下面再讲一件书桌（图 2-10），这是一件两屉书桌，是典型晚清民国初期书桌的样式，根据它的用材和造型，分析它的制作工艺及产地（地区），以及这件器物应归属于什么做工。

图 2-10　榆木书桌

这件书桌的外观，是以简练的造型和局部带有雕刻组合成一体的，结构粗犷但又不失严谨，它是一件一般读书人所使用的书桌式样，书桌的制作用材是一般榆木，更像私塾学堂中学生所用的桌子。

从桌面部分的制作技法可以看出这是一件四边攒框内镶面芯板的工艺，边框连接为侧面通榫，框边是以 45°斜角双向对拼或直角相交，面芯板背面由两条穿带暗栏固定，桌面边框外侧的下方呈下倒八字形直角内斜，桌面下由高束腰（牙条）将桌面下边四周与牙板上边四周相连接，牙板与桌腿是以 45°斜角在桌腿上部采用抱角相连的方式衔接，与桌面下边的束腰（牙条）紧紧固定成为一个整体。

四条桌腿的造型呈扁方形，腿足为内翻马蹄形，桌腿顶端开出正方形榫头与桌面相连接固定，桌面与桌腿内缩处嵌入束腰（牙条），用牙板上边紧顶束腰（牙条）下边，在牙板的下边是两个抽屉的位置，抽屉下方前后各有两根横栏相托，横栏以斜角插肩剑尖内通榫与桌腿连接，两抽屉中间有一根立栏相隔，抽屉栏框内侧起线条四面相交，抽屉面以浮雕缠枝花图案点缀。

桌体两侧采用直角半榫横栏与前后桌腿固定，桌子侧面和后面横栏与牙板间镶板围在抽屉外侧，增加书桌整体的素雅美感，从整体制作工艺上可以看出，这件器物是属于北方鲁作（山东地区）工艺的器物。

这件小器书桌的尺寸桌面长度是 32 厘米，宽度是 22 厘米，整体高度是 28 厘米，如果将它放大 3 倍，那么桌面的长度是 96 厘米，宽度是 66 厘米，高度是 84 厘米，正符合实际使用的尺寸。

十一、乌木画桌

这是一件典型清代中期宫廷家具的样式（图 2-11），以小观大，清式家具以工艺繁复装饰的构件组成，清式家具都以浮雕透雕工艺为主，玲珑满目、层次感强。

图 2-11　乌木画桌

在民间书房里使用的桌子，一般都是一种类似平头案的书案，而在王府或宫中所使的器具都是有一定规制的，在作画时用的是画桌，而在书房书写文章用的是一种带抽屉的书桌，后普遍应用于民间，说它是桌，就因为它制作出成品尺寸比起案类的尺寸要小，一般案类尺寸比例长度是宽度的 3～4 倍，而桌类的长度与宽度比例是 1～1.5 倍左右。

这是一件由比紫檀木还珍贵的乌木制作的小器，它的造型为宫廷家具小样原型，无论是材料的选择还是制作工艺的精湛都可以说是独具匠心，它的造型尺寸以桌子的特征体现出来，虽然是长方形的式样，但是长度与宽度的比例既不同于画案，也不同于半桌，它的长度与宽度的尺寸比例应该是 1.4∶1。

该件画桌小器非常精美，除桌面是素工（主要是从使用角度考虑），面芯板为两拼外，束腰以下几乎雕刻为满工，工艺设计上疏密有致，浮雕为一体，完全按照大型画桌工艺制作完成，现逐步从上至下来分析这件画桌整体各部分的工艺特征。

桌面以下的束腰是以浮雕、透雕两种工艺制作而成的，束腰上的浮雕在对等的间距中为透雕，浮雕图案为如意纹，透雕是鱼门洞镂空外边沿起线条，在一块束腰板上就出现繁简两种工艺手法，束腰下的牙板又以单一浮雕工艺展现。

牙板与桌腿采用45°斜角连接，相交处用浮雕工艺完成，利用一种花卉纹饰巧妙结合，这种纹饰是清代最典型的万年青蕉叶图案，牙板中间浮雕蝌蚪云纹，桌腿与牙板边缘处起线条，桌腿下部以蝌蚪纹收线条端尾部，桌腿的腿部与足部相交合处雕出圆珠纹，足部雕刻为瓜棱四方形的底脚足。

牙板下边的面板采用浮雕、透雕两种技法制作，属于雕花板形枨，两桌腿间连接雕成攒拐子图案，中间是透雕拉环绳形结图纹状，中间是一只深浮雕蝙蝠，桌腿每边的角花饰件是对称的灵芝状如意图。

这件小器的尺寸长度是17.7厘米，宽度是12.3厘米，高度是9.7厘米，如将它放大8倍，即为实际尺寸长度约142厘米，宽度约98厘米，高度约78厘米的实用画桌。

第三章　几类品种

本章把几类分为香几、花几、盆景几等有代表性的种类，作为典型逐一分析说明各种造型几类的材料及形制、用途和它们的制造结构，并将构件连接方式加以说明，也会讲到小器物在家具摆设中的特殊性，小器就是大器的缩小样板，同时它又是大器具（家具）上面的陈设品，作为点缀的同时也是各类艺术品摆件的底座。

在几类中，尤其是植物盆景，既是活的、不断生长的品类植物，又是静观的艺术，并且每一件盆景都没有完全一样的造型与长相，所以要求的底座也是千变万化的，这也对小器的制作提出了更高的要求，有的按植物造型设计，有的按种植物的盆形制作，小器几类与日常看到厅堂或书房里陈设的异形几如出一辙。

常见的几类还有那些静止的器物，如瓷器、铜器、玉器等器物的底座，下面将分类讲几件几类小器。

一、黄花梨木香几

在讲这件明式黄花梨香几（图 3-1）之前，先叙述一下黄花梨间的区分，在早年间，尤其是以明式家具为主的黄花梨是没分出海南黄花梨和越南黄花梨的，从存品上看，很多黄花梨家具都是以现在所说的黄梨现世的，只是看器物上的纹理、温润度来认定。

图 3-1 黄花梨木香几

以现代的观点，会把黄花梨分成黄梨和油梨（红梨），而以前在海南，人们把黄梨做成家具和建筑材料，把油梨（红梨）制成家庭实用具，如捣米杵、耕犁的犁架子、农具的各种手柄及缸、锅等上面的盖子等，由于地域原因，油梨（红梨）的生成纹理更密，花纹更漂亮，油性反应在木质上更多、更温润、更适合现代人们的需求，所以更受人们的追捧。

这件香几是按照一件老旧残件的样品制作而成的，原尺寸用黄花梨料新仿制作，先分析这件香几的结构，香几的几面为四方形，边框的对角用等边 45°斜角榫卯连接，中间为整面板平镶入边框内侧入槽。几面底部以高束腰压条顶住，束腰压条下面为高彭牙牙板。

牙板与四周的几腿斜碰肩以榫卯连接，几腿的造型为三弯腿，底足脚为马蹄形云珠纹收到足跟处，腿子中间上部为一木整挖，内翻式两层台，下端雕云珠纹起线，两边雕线条到牙板会合在一起，相互交叉形成卷草如意纹，而腿的最下边有托泥木与马蹄处连接，香几整体彰显出稳重、大气、简练的秀美感觉。

香几的用途是放置香炉或香薰梵香之用，具有祈拜或净化室内空气的用途，它是可以放置在书房、闺房及佛堂中的实用陈设家具，属于家具中的小众制式，如果摆放在厅堂中又是大雅之器，把放在香几上的熏炉燃上熏香，可使厅堂或书房有馨香之感。放置佛堂中点上香炉中的香枝可做祀释之用，无论放置在家庭中任何堂室，都可以从这件器物上体现出中式家具的陈设用途。

二、朱红大漆香几

前面讲了一件明式黄花梨木香几，再讲一件木胎漆器类的香几（图 3-2），漆器类的家具在我国起源其实更早，后面各类器物中还会讲到漆器物。这件香几是木胎朱红漆彩绘，由于年代久远，彩绘已经快变成一种色彩了，只有在光线充足的地方，才能隐约看出彩绘几种颜色的色彩深浅及描金的线条。

这是一件带倭角有托泥底板的香几，自上而下分析它的造型结构，香几的骨架使用白木（柴木）做胎骨，通过榫卯结构连接，通体先刷朱红色大漆，表面干透后在漆面上进行彩绘，几面的四边角做出倭角，以几面制式为准，下面各处连接点都有倭角，几面的下方是高束腰中间开有鱼门洞的牙条，连接牙条的几腿上部及牙条下边牙板的边缘也是随几面制成倭角的工艺。

几面绘制的图案是一幅江边垂钓图，在图案四周的边缘画框，以束腰鱼门洞为中心，周围整体绘制成金色网状纹，与束腰牙板相连接的几腿上部以及几腿的中间空白处绘有写意画的螭虎龙图案。

图 3-2　朱红大漆香几

再看彭出的牙板与几腿连接处制作成如意头状，几腿与牙板紧紧连接，牙板中间绘有开窗图形，窗内绘有与几面相对应的景致，把江景绘成伸延图，开窗图案的四周绘制成金钱状图案，将整体画面连接在一起，犹如沿江风景。

几腿制作成三弯形外翻足状，固定在带有倭角的整块实木制成的托泥上，这种托泥的制作是不常见的，一般的托泥只是做成单边的拉枨，托泥板四周与几面上下相对应制成倭角状。

最下边的托泥板中间，绘有一只展翅的凤凰，固定在托泥四角的几腿两侧同样与几腿上绘画的图案相同，每根几腿的两侧都绘出两条螭虎龙与托泥中间凤凰的四周图案上下对应。

这件朱红大漆香几的造型同属明式家具式样，只是在制作时的工艺与纯木质的工艺有些不同，它制作的工艺工序要比前面那件黄花梨香几要繁复，这件香几的尺寸几面长 20.7 厘米，宽 16.5 厘米，彭牙处长 23.3 厘米，宽 19.8 厘米，高度 26.5 厘米，如果把它放大 3 倍，这件香几就是一件实体高度 79.5 厘米，几面长 62.1 厘米，宽 49.5 厘米的实用香几。

三、红木花几

从图 3-3 中可以看出这是一对方几，与中堂家具中花几的制作相仿。它并不复杂的工艺造型，更彰显出这对花几的线条美（没有过多繁复雕刻花饰），可以想象出它是放置在厅堂中在成套素雅的中堂家具中是不可缺少的部分，也是放置在条案或架几案两侧的器物。花几的造型有多种样式，还有长方形、六角形及圆形等。花几也可以放置在书房和其他房屋内作为家具之间的衬托。

图 3-3　红木花几

为了了解这对花几的制作工艺，从花几的几面部分开始分析，这是一对典型的苏作家具制式，花几面四边框为攒框装芯板，边框呈外边向下倒斜角，倒角处边沿下方起线，形成与几面下和束腰条的上部加以区分的装饰线。几面边框对角连接，以45°斜角用榫卯结合固定，边框内侧打槽平镶独块面芯板。束腰的上边沿紧顶花几面边框底部，下边沿与牙板相吻合，花几腿上端分别用45°斜角插肩榫卯与牙板连接，花几面边框下端与牙板双向制约束腰而固定成为一体，花几腿的内侧立边与牙板结合处内侧起线条相连，花几腿的几足上方有拉腿相接，形成口子状内侧装饰线。

花几整体造型是直腿内翻马蹄形，修长挺拔，与明式家具特征有很多不同点，明式的各种几类大多几腿部都有造型，几腿底下一般装有托泥木，这对花几是直长的细腿，最下端为马蹄足，足上边采用以拉脚枨为支撑的工艺，使得花几窄高的体形显出稳定性，从美学方面看，拉腿枨为了与上面的牙板相符合内侧起线条，而外侧不起线，与几腿的外侧相对应，这种工艺整体看上去有上部轻盈、下部沉稳的特点，显出整体造型庄重、素雅、大方的美感。

这对花几在小器物中算是较大的器物了，它的实际尺寸高度是47.7厘米，几面为正方形，尺寸是24.4厘米，这件花几只需放大2倍，就是家具中常见的尺寸，高度是95.4厘米，几面是48.8厘米。

四、楠木方几

图3-4中这件方几与前面讲的那两件红木方花几属于不同形制的几类，它的制作年代应是晚清或民国时期，从形制上看，它们的用途不同，放置盆景的类型也不同，分析这件盆景几的制作用材及制作工艺就可看出两者之间的区别，这件几所用的材质是金丝楠

木，也可称为上等木材。再来对比一下两件几架的外形，从表面看是一高一低两种制式，如果按前文所放大的尺寸，前者放置于厅堂中条案两侧，属于中堂配套家具，而这件是属于放置特定盆景的几架，属于特定的器具之列，从外观造型上看与前者截然不同，下面将自上而下逐一分析这件盆景几的各部位制作工艺。

图 3-4　楠木方几

首先看几面的连接方式，几面为四边攒框架，采用的是直碰肩通榫相连，花面板镶整块瘿木，几腿与几面直榫结合，几腿与束腰（牙条）及牙板采用45°斜角榫卯相连接，牙板的外形不彭出，边缘起线条，最下面的托泥木外侧制成掏膛形，表面看有罗锅枨状的感觉，而托泥木里侧边为实边落地，这样的制作工艺可以增加整体几架的受重力。

再看这件几架的尺寸，这是件长方形的器物，长度是 16 厘米，宽度是 13 厘米，高度是 6.1 厘米，若将此器物放大单数 9 以内的任意倍数，同样是一件非常实用的几座。

五、红木盆景几

前文讲了一件长方形的盆景几，再讲一件只是制作使用材料不同的长方形盆景几（图 3-5），它用红木（酸枝木）制成，几面芯内镶瘿木制作的器物，这是一件小型器物的袖珍版，在我国江南地区有些盆景爱好者专养小型植物盆景，大的盆景几与家具尺寸相同，而小的盆景几就是放置在桌子上的小几，这件就属于这类的小盆几，乍看这件几的造型很像是苏作器物，但是再分析它的工艺，就不是苏作工艺了，细看这件盆景几的结构，可以确定它的做工所属地，不难看出它精巧的制作工艺。从上部的几面开始分析，几面是在一整块木材（独板）中间挖出凹框，只剩四边做几面边框，中间挖空部分再镶一块瘿木边框于芯面，就有了两种木材的色差了，瘿木的花纹与红木的木板在一块板面上也有了各异的纹饰，仅从几面的制作就可以分析出它是一件小巧的作品，因为大器几乎少有这种制作工艺，并且更能说明此物虽有苏作器物之美，但是它又不是苏作工所制作出的器物。

图 3-5　红木盆景几

再看束腰（牙条），高束腰分等分镂出鱼门洞，洞四周围起线，束腰下边与牙板相连，牙板（围板）的造型为上收下撇，呈弧形与束腰相连，牙板（围板）下部为高彭牙状，雕刻云珠雷纹图，高彭牙状的牙板上雕刻着深浅不一的纹饰，由浅雕渐变为深雕，分出层次感，边缘起线与上部束腰上镂空线及几面下部的线条相互对应，下部与几腿线条融为一体。

与牙板连接的几腿线条是以榫卯结构45°斜角暗榫连接，几腿造型为外侧高肩彭突状，几腿为下部内翻马蹄状，几腿里侧边缘起线，与前面讲述的牙板内侧起线的线条相交为一体。

几腿的下部马蹄部分与下边的四框上下相连，起到固定支撑作用，这部分的构件比上面各个部位的构件用料都薄，而且没有复杂的工艺，这个部件称为托泥木，它的四边角连接方式也是榫卯相连，托泥的制作工艺虽然简单，但是却起到支撑整体器物结构稳定性的作用。

从以上的各部位分析，可以看出其最突出的特点在这件器物的面板上，独面板中间挖镶，其他地区的制作方式都是采用四边框拼镶，即先制成边框后框内大槽嵌入，经过前面的介绍，最后可以确定这件盆景几制造地区是在福建省，属于闽作家具中的流派。

六、楠木盆景几

无论是凳、桌、案、几等，每个地方都有各自的流派，流传最多、最广的有京作、苏作、粤作、晋作、鲁作等，而闽作家具的特点就是面板大多采用独板制成，图3-6中的这件器物，从它的造型可以看出是一件大型盆景几的缩小版。

图 3-6　楠木盆景几

从外观看这件方几的造型，有广作类的家具特点，直观看上去束腰（牙条）、牙板为一木连做，几腿为三弯形，四边为罗锅枨作支撑。

前面已经讲过，一件看似苏作的案上几（盆景几）造型与这件器物的外观是有很大区别的，先从几面开始分析它的各部分构件组合，几面由独木制成，中间镶瘿木心，这块面芯属于卧镶，即把独板芯中间下挖出方槽形但不挖透，做出凹形方槽，中间整镶瘿木芯，从几面底部看还是一整块独木，这种工艺费工时、费材料，镶入凹槽内打磨平整，几面下边（背面）四角处等分均匀开出卯眼，与下部几腿上端的榫相结合。这件盆景几的几面制作与前面讲的长方形几虽然都是内镶式，但是从外观看却是两种款式的制作风格。

几面的下部四周围有束腰（牙条）、牙板顶住，牙条、牙板用一木连做制成，这种工艺在实际制作中是很费材料的。上边牙条部分做成凹进形状，下边牙板部分又要制成外突形状，这种制作工艺突出了广作家具的特点，一木连做的牙条、牙板和几腿以 45°暗榫卯紧密连接。

三弯形几腿顶部的榫与几面暗卯相结合，使各部件组成一体，为了增加几腿的稳定性，几腿内弯处四周各有一根上弓形的罗锅枨与腿子相连接支撑，这种制作工艺有着广作家具的风格与特点，各地区的工匠师各怀绝技，但是从整体上说，制造出来的器物的工艺流程在加工过程中，有很多相似的地方。

这件方几的尺寸是 10.5 厘米见方，高度 8.5 厘米，是一件放置在桌案上的小几座，如果把它放大 6 倍，实际尺寸 63 厘米见方，高度 51 厘米，是一件可以放置在厅堂或书房中的大型盆景几架。

七、红木异形多角盆景几

前面讲了几种类型的几座，外观都是属于矩形的，只是尺寸不一、或高或矮，这件盆景几是一件异形花叶状的水仙盆的底几，这件小几的造型属于出喷式，即中间彭出，牙板大于几面，造型虽然是异形状，但是又以传统矩形的四足工艺制作，一般异形器物几类为多足或是单数足组合制作，如三足、五足等。

图 3-7 中的这件器物制作工艺繁复，几座共有六层，通过叠加框架组合制成，是件典型的京作器物。它的造型是一件没有直边直角的多角几座，自上而下分析它的制作工艺。从整体上观看这件盆景，可以看出它由三大部分组合而成，上下两部分为素工工艺，中间部分采用多种雕刻技术，融合线雕、浮雕和透雕为一体。

几面的上面边沿处随形起线，几面的外立面周围一圈呈圆弧过渡（即指甲圆状）。而紧紧顶住面底的是束腰，束腰制作采用的是素工打洼工艺与几面组合成一体，形成上半部分的两层素工工艺。

(a) 空置状态

(b) 载物状态

图 3-7 红木异形多角盆景几

繁复的工艺都集中在中间部分，前面所说的几种雕刻工艺都集中在四块外喷高彭出的牙板和四条足腿上，牙板的最上方是浮雕变体莲瓣，与上边的束腰紧密连接，衬托在束腰与几面的下方，将上层两件合为一体，浮雕的下边以线雕为轮廓，轮廓线周边不等距离处雕有蝌蚪纹为点缀，线雕的中间是透雕的缠枝花卉，以牡丹纹为主题，牙板与几腿的连接是制成弧形的牙板，用直榫和斜榫与腿部的卯相交合。

几腿的造型为三弯状，底足为外翻形，腿子的纹饰与牙板的线雕连为一体，在线条的局部雕有蝌蚪纹作为点缀，几腿的上部与几面直榫连接，连接处下方腿的左右两侧分别在几腿间以扣榫相连，束腰下方的牙板与几腿是用两种方式固定的，牙板的上半部分用暗直榫对几腿暗卯固定，即锁扣榫，牙板下半部分使用斜肩榫与几腿相结合，呈现平面为剑腿形象，因为斜肩榫连接的顶端部分好似宝剑的剑尖状，故称作剑腿。

与几腿相对接的下面那部分是一件与上半部分对称的素工木架，称为托泥，托泥根以几面为基准制成椭圆形，托泥根的造型为罗锅根状，架底下面对称镶有打洼状的足脚，从这件几托的整体可以看出上半部分几面和束腰的两层、下半部分托泥根和底根足的两层都是以圆弧过渡的素工工艺制作，中部的牙板、几腿以雕工工艺制作，就是前面讲的三种雕刻工艺。

这件花叶形水仙盆小几外观很有观赏性，虽然是件异形小器作，但是制作工艺都是对称的，最上边的几面边沿圆弧过渡，圆弧的平面边沿里侧起出二层台的线条平面，形成两层的几面形状，束腰打洼，下面的托泥与几面圆弧过渡，呈现出泥鳅背状，托泥的立足制作成中间打洼，两边显出细的竖线条，每个立足都有着对称的线条，从整体看，这件器物充满制作工艺之间的繁简美感，充分体现出京作木器的大方、精美细腻。

这件异形小几是随瓷制水仙盆外形而订制的，整体外形最大长度是 26.2 厘米，宽度 19.5 厘米，几面的长度 22.5 厘米，宽度 15.8 厘米，整体高度 9.5 厘米。

第四章　椅凳类品种

人类的坐姿经过几千年生活方式的变化也在逐渐改变，我国古人至秦汉一直都是席地而坐，随着社会的发展及文明的推进，社会的变革使人们在现实生活中有了各种信仰，儒家道家（教）的诞生及佛教的传入，使得人们在坐姿上有了改变，由于信仰的观念，各种宗教以各自的修身、养性以求超脱，先人们的席地而坐改为盘腿而坐，这种坐姿保持的时间较长，后来人们在实际生活中体验到舒适感，便改为垂足而坐，这种坐姿更为随意、自如。

最早的坐具由蒲团改进为古称胡床的一种坐具，现称为马扎的矮坐凳，到了隋唐时期有一种以四腿八挓（扎）为典型的木凳，在这基础上发展生产出方凳、圆凳、绣墩椅子等多种类型的坐具，家具的制作到了明代达到中国家具制造的顶点。坐具的尺寸确定了舒适度最佳值以及最符合人体的坐姿，各类坐具也都具有各自的线条。

在讲坐具小器前先展示一件实用的坐具，这是一件具有隋唐以来制作特点的四腿八挓的小凳。如图 4-1 所示，此件实物是清代遗留的，它的造型有明式家具的遗风，后文将以这件实用器为蓝本（范本）讲几件椅凳类的小器实物，来说明大器小作的内涵。

图 4-1　四腿八挓小凳

一、楠木方凳

在历史的长河中，人们的生活方式也在逐渐变革，由席地而坐改为垂足而坐后制作出新型的坐具马扎及四腿八挓的小凳后，又发展生产出了方凳、圆凳、绣墩等各种式样的椅子，更适合人体的舒适感。

通过实物可以了解到更多的历史信息，由于本人所掌握的实物资料有限，就以物论物讲一种方凳小器（图 4-2），这件方凳要比一般的方凳大，也可以说是一件禅凳。

这是一件楠木漆器，以朱红大漆为装饰面，由于年代久远已经看不出原来的艳丽本色，这件坐具用料墩厚，彰显沉稳气质，坐面为四边框装芯板，边框四角以 45°斜角暗榫卯连接。窄缩腰香蕉腿，腿足为灵芝脚，腿内侧起线与牙板边处起出的线条相连，牙板中心浮雕一把卷草花卉纹，凳腿与牙板的连接方式为双向 45°斜角暗榫卯相连接。

图 4-2　楠木方凳

这件小方凳的尺寸坐面是 10 厘米×10 厘米的正方形，高度是 7 厘米，如果将它放大 7 倍就是一件 70 厘米×70 厘米，高度 49 厘米的超大尺寸禅凳，观看这件小器物，它是一件造型优美的、几百年前遗留下来的艺术品，在现实生活中它是一件实用美观的坐具。

从制作工艺上看，椅腿与横枨采用的是透榫出头，椅腿呈外撇出挓与扇形椅面相对应，前腿的牙板制成壶门形，前腿两侧与后腿采用刀形牙板连接固定，这件椅子的搭脑枨与扶手采用 45°斜角暗榫卯连接的方式。

二、松木灯挂椅

这是一把看似很呆板的椅子（图 4-3），颇有宋元时期的风格，20 世纪 90 年代时我曾见过两把宋墓出土的类似这样的座椅，与明代时期俊秀的坐具器物有着明显的区别，明式家具做工的线条细腻优美、流畅、亭亭玉立，也可以说这种粗糙的造型是早于明代的。

图 4-3　松木灯挂椅

这是一件靠背椅，也叫灯挂椅，俗称“两出头”，在官帽椅中，北方制作的官帽椅也有在搭脑枨上两边缘多出的一段木料，称作两出头官帽椅。

从直观上看这件小器灯挂椅略显粗笨之态，它出自民间工匠之手，是民间最常见的使用坐具，而且在用料方面也不是太讲究，它用南北方最常见的松木制成，而且这件器物的形制还是按缩小比例制作，从它制作的工艺来看是榫卯结构，而且全部是采用透榫备锲的制作方式完成。

这件灯挂椅小器的尺寸通高 22.5 厘米，前腿至坐面的尺寸是 9.9 厘米，坐面长度 10.9 厘米，坐面宽度 8.5 厘米，如果按照单数不超过 9 倍的方法放大 5 倍，它的通高尺寸是 122.5 厘米，前腿至坐面的高度尺寸是 49.5 厘米，从放大的尺寸来看完全符合实用家具的适用尺寸，也是一件标准的大器小作之物。

三、紫檀木官帽椅

官帽椅有两种制式，一种属于北官帽椅，一种属于南官帽椅，北官帽椅上边的后枨又叫搭脑枨，是在右立腿两侧的上枨各多出一个出头，扶手前端也长出前立腿的一段头，俗称“四出头官帽椅”，也有只是搭脑枨出头而扶手处不出头的，都属于北官帽椅。

南官帽椅的制式也有两种，一种是后搭脑枨与后立腿呈 90°垂直而下的榫卯相连接，扶手与前立腿的连接方式和后面的搭脑与后腿是一样的，都是直面相接，这种连接方式俗称“烟袋锅”，另一种是后搭脑枨与后立腿呈 45°斜角榫卯连接，相互对直角，扶手与前立腿同后搭脑枨连接方式一样。

这是一件十分特殊的南官帽椅小器（图 4-4），由紫檀木制成，它是在《明式家具珍赏》一书中王世襄先生收藏并讲述的那件紫檀木扇形坐面南官帽椅的小样儿，它的制作工艺与书中所讲解的一样，只不过是一件缩小版。

这件小器官帽椅的尺寸靠背通高 18 厘米，坐面前宽 12.6 厘米，坐面后宽 10 厘米，如果将这件小器放大 6 倍，它的尺寸与王世襄先生收藏的那件珍品是一样的，同样是存世的一件珍品，正如收藏本器物的谢继晖先生所言：“怎么都拍不出它的美!”大器小作和王世襄先生书里的那把明代紫檀扇面形南官帽椅形制一样，比例分毫不差，小中见大，线条优美，味道十足。是一件不可多得的小玩意儿、小精品。

图 4-4　紫檀木官帽椅（谢继晖先生藏品）

四、朱红大漆官帽椅

官帽椅由多个产地制作，制式也是多样的，有北官帽椅和南官帽椅之分，南官帽椅以苏州做工为最佳，要讲的这件官帽椅属于南官帽椅的一种，归于闽作的家具类，它的制式与苏作有异曲同工之处，在当地民间是最为常见的一个种类，俗称“土做儿”，做工方面略显粗糙，南方的家具制成后多涂一层漆，免受天气潮湿的困扰，又有南漆北腊之说，图 4-5 是采用髹漆工艺，成品制成后刷大漆，属于漆器类的家具。

这件南方官帽椅子与苏作器物的区别有以下几方面，做工是上圆下方的工艺，上半部分的特点是搭脑枨与靠背板，上方采用的是内凹状制式，上搭脑枨的两端采用烟袋锅的直面榫卯连接，扶手是内弧形，扶手前立枨的造型制成 Z 字形，与椅面的边框连接，使得立枨从外观上看更有造型上的美感。椅子的上半部分扶手和靠背的后立枨制作成圆棍状，S形靠背板上端的两侧有耳状坠角，椅面为落堂芯攒芯面，制作方式部分采用了苏作的工艺，但是椅面的四框不是斜角连接，而是采用直碰肩工艺。

图 4-5　朱红大漆官帽椅

椅子坐面以下的地方采用的也是直碰肩工艺，前腿的内托枨是壶门状，一通到底，下托脚枨为增加美感制成倒山字形状，这件小器做工都是采用直碰肩工艺，从整体上看上圆下方，不失隽秀之美，这件小器的通高 18.9 厘米，椅面的腿距高 9.9 厘米，椅面长 12.1 厘米，椅面宽 9.6 厘米，如果将这件小器放大 5 倍，就是一件完全符合正常使用尺寸的大气的实用坐具。

五、黄花梨木圈椅

要讲述的是一件圈椅（图 4-6），圈椅是明代坐具类中最典型的造型之一，而且这种坐具符合人体坐姿的最佳状态。明式圈椅的造型比较常见的有两种，一种是扶手出头的，一种是不出头的，圈椅的扶手接圈口处一般是二种，有五接圈的，即五块木料拼接，还有三接圈的，即三块木料拼接，都是用阴阳榫卯连接，并在连接处有木销固定。

图 4-6　黄花梨木圈椅

椅腿间的连接一般常见的也是两种，有制成壶门形作为支撑的牙板，有的用罗锅枨带有矮佬连接各条椅腿，还有其他种连接方式，如各种图案的坠角相连接等。

这件圈椅小器用极品的黄花梨木、按实用器的缩小之比制作，与实用器的比例是1∶7，这件小器圈椅的制造全部采用榫卯结构，椅圈采用三接工艺连接，即整体椅圈是以三段木材用榫卯相互咬合，比起五接的椅圈更显大气，因为制作三接比五接更需要大料来完成。

椅子腿间的连接，是常见的壶门式圈口，这种连接的方式一直延续到现代，所制作的明式圈椅是最常用、最常见到的，椅面采用独板落堂芯式组装，靠背板是独木S形制成，从这件小器圈椅的精制程度可见先人对制作工艺的专注与匠人对职业的投入。

这件黄花梨圈椅小器的尺寸全高 14.5 厘米，坐面至前腿的尺寸高度 7 厘米，坐面的长度 9 厘米，如果放大 7 倍，通高 101.5 厘米，坐面至前腿高 49 厘米，坐面的长度 63 厘米，就是现实生活中坐具的实用尺寸。

有对比才有参照，如图 4-7 所示，这件器物与前面讲述的那件黄花梨木圈椅是同样的造型、同样的制式，只是在制作上略有不同，使用的材料不同，这件圈椅用木材中的珍品紫檀木制作，它的尺寸通高 19.9 厘米，坐面的高度 10.5 厘米，坐面长度 12.1 厘米，如果将它放大 5 倍，就是一件适合人体需要的实用器具。

图 4-7　紫檀木圈椅

六、宝座椅

前面讲述了几种坐具的类型，还有一种椅子是介于上述的三种坐椅之间，靠背椅（灯挂椅）、圈椅、官帽椅这几种在制作时都成双成对，还有一种隶属一个人独坐的椅子，它是以单只制作的，这就是宝座椅，这种椅子的尺寸要大于上述的三种坐椅，在封建社会它专属是一种特权坐具，宝座椅的造型也有多种款式，由多种工艺技术、多种木质材料制成。

本节要叙述的小器宝座椅具有比较特殊的样式造型（图 4-8），首先分析它的造型。制式为三弯腿外翻马蹄带垫脚的样式，四腿与牙板均为榫卯结构连接，牙板造型采用外起鼓，下边缘呈双抛线形，分为两部分，中间的节点处以一个内凹圆弧舌状造型作为中间分界点，它是由三块尺寸不同、造型相同的牙板分别安装在前腿及左右两边，坐具后面的牙板是一块素面起鼓直板连接。

图 4-8　宝座椅

椅面与牙板相连处有一圈缩腰线条作为分界，缩腰的造型是上下起线中间打洼斜角，呈倒八字形，并且与椅面一木连做，椅面是独板制成的，线条做成三面，后面直接做成倒八字形状，这种厚重的坐面显示出与腿部连接的沉稳感。

椅面上部的靠背与扶手采用三围五拼制成造型，靠背的造型中间高两边低，过渡处圆弧形下低形状，从整体上看靠背板犹如山字形，两侧下低处与扶手平行，扶手中端又呈下低状，扶手最前端的造型上部是外翻书卷状，书卷处与扶手拼接成一体。

这件座椅的整体造型简洁，没有过多的雕刻外饰，用料粗大，式样雄硕精巧，给人大气、稳重的感觉，整件器物通体髹朱红大漆，只是由于年代久远，有些地方的漆已经开始褪色和脱落，它的连接通体采用直碰肩榫卯结构工艺，与传统家具斜角连接有所不同。

这件器物用楠木制成，小椅的尺寸长 20.3 厘米，宽 11.8 厘米，通高 16.7 厘米，腿与座面高 8.9 厘米，如果放大 6 倍，它的长约 122 厘米，宽约 71 厘米，通高 100.2 厘米，腿与坐面高度 53.4 厘米，就是一件实用的宝座椅。

七、双人红木椅

椅子的种类有多种样式，前面讲过几件常见的椅子造型，接下来再讲一件另类的椅子，两人同坐的椅子称双人椅，从明代的交椅中可以查阅到最早这种椅子是源于游牧民族，便于出游携带，现存世的实物也可见双人交椅，后逐渐在中原地区放置在某特定的地方，再后来发展到居家厅堂中一般是供双亲共用。

双人椅的尺寸大于宝座椅，又小于后期制作的三人椅，这种椅子多见于民间三代以上的家庭，一般是老人做寿或喜庆的日子里，二位老人共坐一椅接受晚辈向老人志喜或庆寿。

这里讲的这件双人椅是红木（酸枝木）制成的（图 4-9），它的做工属于闽粤地区，从用料方面可以看出每个部分的部件都是很厚重的，每个部件之间都是榫卯相连。

图 4-9　双人红木椅

这件椅子的造型简洁、墩实、厚重，从整体上看它的制造工艺采用了多种技法，集素工（光面）浮雕和透雕工艺于一身，接下来将自下至上分析它的制作工艺流程。

下面的椅腿是直腿，前腿的脚跟部有浮雕工艺，浮雕云珠回纹图案，后腿为素工，前腿间是一块整板制成的，牙板造型是三高二低状，中间与两边下垂耳，部分下凸，形成有高有低的效果，牙板中的花纹与前腿脚部花纹相间，浮雕云珠纹，椅子的坐面是整块独板制成的。椅子两侧的扶手里面通体整块素面与椅面相对应，扶手外面采用浮雕技法雕出兰草，椅子的后靠背是中间高两侧低的造型，后背板为三块边缘起宽边线条，中间开窗采用透雕工艺，在开窗的边缘与外廊用较细的线条，来突出开窗造型的立体感，窗中分别雕出梅花和竹叶，呈现座椅上面的效果。

总体来看这件器物有幽兰翠竹、红梅，各个部件之间都采用暗榫卯结构连接，简洁中显出巧工，敦实中透出美感，厚重中体现出造型的优美。

这件器物的整体尺寸长度是21.6厘米，宽度是8.5厘米，腿至坐面高度是7.4厘米，后靠背最高是14.5厘米，如果放大7倍后，椅子的长度是151厘米，宽度是59.5厘米，坐面高度是51.8厘米，通高是101.5厘米，就是一件粤作实用的双人椅。

第五章　屏类品种

还有一种大器型的木器类也是由小器型演变派生出来的，就是下面要讲的屏类。屏类的种类很多，有落地屏、座屏和连体屏。制作各类的屏无论大小，它们使用的木材有硬木和柴木，现将各种屏类的形制及用途加以说明。

有一个屏的品种，它是成组展现的，可折叠、可在一定尺寸范围内伸展使用，这种器物称为“屏风”，是屏类的一个种类。它由几扇单片至十几扇单片组合在一起，还有一种固定在某一处不动位置的屏，也是由多扇单片组合的，为“隔断”，是屏的延伸使用方式，这两种屏类都属于连体屏。

屏风的起源可以追溯到距今约三千六百年前的西周时期，有单扇屏和多扇屏，最早被称“邸”或“扆”，落地屏放置在厅堂可起到分隔空间美化厅内环境、挡风、增强空间隐私感，如装有玻璃镜的还可起到整理衣装容貌的实用性，高大的单扇屏沿袭发展至今成一物多用的厅堂陈设实用器。

小器物中有座屏，座屏的造型是有多种。它是大器中的小样，用途一般是放置在桌案、条案、条桌上面，陈设在客厅、书房居多，座屏又称为“插屏”“插牌子”，它的形制也是多样化，有单面和双面图案之分，框内分别装有石芯、大漆芯、木芯、竹芯、螺钿芯、点翠芯和玻璃镜子芯等。座屏与落地屏（镜）有着不同的功能，但是实用效果是一样的。

因为主要讲大器小作中的器物，所以先分析一件座屏，顾名思义就是一件要放置在某一个地方的屏类。座屏一般都是放置在厅堂中的各类桌案上，具有装饰厅堂点缀书案的作用。而它在厅堂书房中还有实用性，座屏小器放大几倍就是落地屏，以座屏、砚屏和连体屏（围屏）作为小器物的品种引入本章节的话题，介绍一件红木座屏、三件不同材质的砚屏及一件围屏，讲讲它们各自的工艺及用途。

前面讲了座屏各种屏芯材料的应用，座屏整体使用的材料也是多种多样的，与前面各章节讲的各种小器物作品是一致的，不论是哪种材料制作出的哪类座屏，它在厅堂的书案上起到的效果都是装饰整体室内空间，如果是座镜同样可以起到整理自身的衣饰容貌的作用。

砚屏是放置在书房文案上的必备器物，是专属书房间的文具用品之一，它的功能作用是为研好的墨汁挡风，防止墨汁被风吹干，古代时期的房屋门窗上是没有玻璃的，门窗上棂格是用纸张或纱起到封闭的作用，故即使在白天门窗关闭的时候也是昏暗的，为了保证采光，有时候就需要把窗户打开，让自然光线射入室内，而这样就避免不了有风吹进，为了让研好的墨汁不会被风吹干，就在砚池前放置一个小屏风作为挡风之用，这个小屏风就是所讲的砚屏。砚屏由屏座和屏芯组成。

还有一种用多扇屏组合起来的，多用四扇或六扇，也有用更多扇组合的，用铰链（合页）连接起来，相互呈三角形或呈八字形立于书桌文案上，这种屏叫围屏，制作材料与前面各类器物相同，而围屏的使用功能与砚屏的使用效果是一样的。制作这类屏的品种样式很多，用的材料也多种多样，还有用象牙雕刻屏芯的（注：象牙已被禁止使用)，也有全部用象牙制作的。有在木板上镶嵌象牙雕刻故事，有在大漆板上镶嵌的，还有与各类珍贵材料一起在一个屏芯，被称为“百宝嵌”的品种等，以木材为主的材料，尤其是以紫檀木和黄花梨木为框架制作成的各类屏，现在都被世人视为“极品”“珍品”。

随着社会的进步和建筑材料的发展，生产出平板玻璃用于门窗之上，使房屋内部采光大大提高，砚屏与围砚作为文房用品的器物，已经成为后人追求的文房器具中的珍贵收藏品。

一、楠木朱红漆描金花卉人物屏风

与前面讲的几种屏类有所不同，这是一件由单扇组合在一起的组合式围屏（图 5-1），它的连接方式是用金属制作的环与钩相互套住或用合页连接在一起。

(a) 正面

(b) 背面

图 5-1　楠木朱红漆描金花卉人物屏风

围屏又称作屏风，它制作所用的材料与座屏是一样的，由各种木材或其他符合制作工艺的相应材料搭配制成。

这是一件四扇屏风，从工艺制作的技法及保存现状来看应是清中晚期的器物，通过这件屏风的用材及制作工艺分析，屏风整体用楠木制成，它的产地是我国江浙一带，框架的连接采用榫卯结构方式，屏风外框两面的边缘是双起线工艺，与上下及的中间横枨双线相支，使得每扇屏中间的各个芯板都成为一个外凸内凹很有立体感的单独空间。

屏框整体分为四个部分，上部分装有绦环板，下部装有裙板，底部装有亮角板，都是采用双面雕刻工艺，一面是花鸟等图案，采用高浮雕描金，另一面是书法字体和兰竹等图案，采用的是凹刻填绿彩，中间的屏芯是内镶的，可以拆卸，整体刷朱红漆油饰。

活扇两面分别是以天然颜料墨彩为基调，一面用写意的手法彩绘出的洞石花卉图，另一面以绢为本画的是人物市景图，分出屏芯正反两面的不同风格，正面是一幅坐船乘车走游图，画面上的人物的衣饰着装及神态反映出不同的社会分工，有船家梢公、赶车的车夫、穿戴华丽的员外老者及随身童子，从这幅图上每个人物的神态表情可以看出，在当时的社会每个人对自己生活方式的追求各有不同，而反面的写意洞石图案也反映出当时文人的潇洒人生。

活扇屏芯的边框采用的是刷朱红漆点金彩工艺，与屏体整体上下雕刻漆金工艺一致，屏扇最下面亮角板的制作采用的是高浮雕回纹描金工艺，体现出屏风整体的美感。

这四扇屏从整体上看是完整的，但是笔者认为应该还有几扇才算更为完美，因为屏风的种类很多，根据厅堂大小不同、室内使用方法不同，屏风的大小尺寸也不同，最少的屏是四扇，多的有十几扇，都是可折叠的，这件小屏风只能作为实物依据参考。

这件屏风单扇的尺寸高为 70.8 厘米，宽是 18 厘米，如果按照比例放大 3 倍，高度是 212.4 厘米，宽度是 54 厘米，四扇全部尺寸高为 2.12 米，宽是 2.16 米，放在一般的厅堂中就是一件大小适中的屏风。

这种小器型的屏风一般是习文之人放在书房画室书桌画案的边缘，在写作或书法字画时防止窗外有风吹进屋中沥干墨汁或书稿画纸被吹翻。

二、红木屏风

前面对一件四扇漆器屏风做了全面的叙述，下面要讲的这件屏风更为精巧（图 5-2），做工更细致，制作风格秉承了清代中期的工艺，所有屏风使用尺寸的大小都取决于放置的位置，这种落地屏风是由多扇组合的，有四扇、六扇、八扇，最多有十六扇之多，使用的材料也是多种的，一般使用白木（柴木）、楠木，还有珍贵的黄花梨木和紫檀木制作。

图 5-2　红木屏风

这是一件六扇落地屏风的小样，使用的材料是红木（酸枝木），从制作工艺上可以看出精细的做工，对角连接均为斜角暗榫卯组装，四边框内侧起线，各部分的芯板都采用独板雕刻，均为起鼓落堂透雕，整体对称感十足，分别雕有云草纹、瓶中插花和福寿纹及格栅棂窗式，屏风两侧的雕刻是对称的，中间屏心都是一样的纹饰，最后将六扇组合成为整体。

屏风采用合页连接，打开后成为一个长形体，折起后为矩形，使用方便，移动便捷，与前面讲的那件楠木四扇屏风相比，在材质制式上有很大的不同，更显出它的大气、稳重、华丽。

屏风边侧的外扇雕刻花板、最上边顶部雕刻花板及中腰间雕刻的花板称为绦环板，每扇单屏中间最大部分称为屏心，中腰下边部分的装芯板称为裙板，两立柱最底下的托板部分称亮角。

这件屏风除了亮角，其余的几部分都采用透雕工艺，但是有的屏风这几部分也有制成浮雕的，屏心内做成内框装有各种材质的字画，也有做成大漆描画的屏芯。

这件屏风的尺寸，每个单扇高 24.6 厘米，宽 6.5 厘米，如果将这件屏风放大 9 倍，就是一件高 2.2 米，宽 3.5 米，适合放在一般室内的屏风。

三、红木雕刻花卉框座点翠插屏

现在存世的各种座屏还具有一定的数量，包括各种木材制成的帽镜及各种屏芯的座屏，一般的座屏大多数都是矩形的，也有异形的，如六角形、八角形、圆形等，屏芯的用材也很广泛，常见的有大漆描画彩绘、大漆雕刻、天然石板芯、珍贵材料镶嵌、瓷板镶嵌、点翠拼图等。

这件是晚清时期富庶人家使用过的器物（图 5-3），它是用红木（红酸枝木）制作的座屏，屏框满工雕刻吉祥图案，屏芯是采用点翠工艺拼接制作的一幅《安居乐业》图。

图 5-3　红木雕刻花卉框座点翠插屏

自上而下从座屏上部的屏框制作工艺开始分析，屏框由四根主料以 45°斜角榫卯连接成长方形，框边里侧镶牙条，框体满雕，爬蔓葫芦，框边两分边沿雕出线条将葫芦及秧蔓圈在中间，框内牙条雕刻回纹图案，图案寓意为“子孙葫芦”，又称“葫芦万代”，回纹图案有拉不断、扯不断之意。

再看下面屏座各部位的制作工艺，屏座的座脚是最常见、最传统的造型，一块长方木中间部分下面制成下凹状，形状如倒写的“凹”字，上下两份头小面倒出圆角，后面打出两个洼来作为修饰，显示出屏座底脚的稳重，座脚上面中间挖制出卯眼来放置站柱。

站柱在坐脚的中间以榫卯结构连接，站柱耳部突出边缘部雕出线条作为轮廓线，与屏框四周雕出的线条保持一致，站柱内侧制作出弧形的凹槽，便于放置屏框保证稳固性，站柱与坐脚的连接两侧分别各有一个站牙，站牙的造型为透雕夔龙形状，龙头雕在站牙内侧中间位置，龙尾部在头后扬起向上呈半个瓶形，与站柱两侧连接在一起，两个站牙与站柱抱在一起呈现出一个空瓶状，起到固定站柱的作用。屏面用草纸板粘平，背后用木板固定在屏框中，在黑绒布上面以金属的做胎制出各种形状的图案，图案的底胎也有用纸做的，然后是用翠鸟羽毛粘贴拼成所构想的画面，这是一幅以五角枫树、山石、菊花和禽鸟组合而成的图画，名为《安居乐业图》，图中有一棵渐落树叶的枫树，树旁山石边长有两棵盛开的菊花，菊花的花瓣是用珍贵的象牙和珊瑚制作的，叶子枝干是用翠鸟毛贴在上面的，在这些景物的周围有三只鹌鹑在安然地寻找地下的草籽、小虫，整体图案显现出一派安逸祥和的场景，这幅画是用鹌鹑、菊花、落叶的谐音组成。

这件座屏是由木工、金属制胎、点翠粘贴及镶嵌工艺等多道工序制作的艺术品，汇集着中国人民的智慧与精湛的制作技艺，是一件不可多得的古代艺术陈列品。

这件座屏的实际尺寸整体高度是 89 厘米，屏框高度 69 厘米，屏框宽度 54 厘米，屏座长度 60 厘米，屏座高度 43 厘米，屏脚长度 26 厘米，如果把它放大 2～3 倍，就是一件中大号的落地屏。

四、黄花梨木石芯屏

现存的黄花梨木砚屏多为明式造型，制式简洁，图 5-4 是一件明式黄花梨木砚屏，屏芯为石板，两面有彩绘，正面绘有五彩人物，后面写有诗文，这种砚屏是最常见的种类之一，它的用料及造型非常简练，从形制上可以看出明式的风格，样式透出大气粗犷，秀美而又简约的风格。

(a) 正面

(b) 背面

图 5-4　黄花梨木石芯屏

下面就将逐步分析这个砚屏的各个部分，了解它每个部分的连接方式、制作美感与实用价值，整个屏体都是用黄花梨木做框架，素面的屏框里侧起线条，作为石芯板外边沿的装饰线条，内镶天然白色石板芯，在石芯两面彩绘人物与书法，屏框四角制成 45°斜角，采用通榫卯互相咬合固定。

底座两侧站脚木两边的截面（看面）为梯形抹圆角形状，站脚木底部下面中间挖制成穹形，凿出两边站脚足更显示出站脚底部的稳重。

站脚木上面中间位置插放站柱，站柱下端开出榫头插入站脚木中间凿挖制出的卯中，站柱的造型外侧是中间鼓两侧坡的弧线形，两侧里面是平面，制作成平面是为了更牢固地安装站柱两侧站牙。

站牙的固定同样是以榫卯连接，与站脚和站柱同时固定，做工非常严谨，站柱木里侧的造型，把中间挖制成凹形槽，两边缘处各雕出一条拦挡线，把砚屏屏框插入屏座，入槽后起到稳定的作用。

站柱最上面的部分雕制成变体莲瓣形柱头，更能体现出整体的美感（也有雕成整体莲花状的柱头），站柱两侧的站牙制作成素面宝瓶形，它与整体造型很统一，也使得站柱更为牢固。

分析了砚屏的上半部分，再看底座部分的整体造型结构，这部分就是砚屏两侧的站脚，它的整体是两只站脚和站柱的组合体，站脚和站柱相连为一体后，站柱与中间上下两根担枨和担板所组合后的整体称为屏座，站柱全部高度的五分之三处为屏档的固定起点，下面五分之二处是用上下两根担枨及中间担板组成，担板中间镂空，图案很简单，镂出上下“T”字形，两头边缘上部各镂有一个“一”字形，整体看上去是一段回纹形图案，最下边前后各有一块分水板，分水板的下沿镂成变体如意头形。

把它的底座与屏芯插放在一起，组成完整的砚屏，放置在文案（书桌）上，在实际功能上有挡风的作用，使研好的墨汁在墨池（砚台）中可以免受窗外来风的吹袭，屏座部的担板和分水板又有减少风阻的效果。

在外观上给人小中见精、大中见美的感觉，从整体效果看无论是边、线、形都有着明快感，彰显出了明式造型的简练、素雅，在相当长的一段时间里，是很有使用价值的器物，在后来长期的保存流传中体现着观赏的美感，而在今后的收藏中又是一件不可多得的艺术品，被后人珍藏。

这件砚屏的尺寸全高 21.5 厘米，屏座长度 12.2 厘米，屏座宽度 8 厘米，屏框长度 17.1 厘米，屏框宽度 11.5 厘米，如果把这件砚屏放大 9 倍，它的全高就是 193.5 厘米，屏座长度 110 厘米，在一般厅堂的摆设中是一件中号的落地屏。

五、紫檀木大漆镶嵌及绣片屏

图 5-5 是一件清代紫檀木砚屏，砚屏屏芯两面的制作工艺是不一样的，它集合了多种材料及制作工艺，一面为大漆嵌象牙雕刻蝙蝠字及福图案，另一面为装裱黄地织锦云寿图案，屏的两面是用几种不同的工艺制作，再加上巧妙的技术构思，是一件涵盖了漆器工艺、雕刻工艺、织造工艺等集一体的完美器物，整体反映出的是一种艺术效果，即“福寿齐天”之意。砚屏通体雕刻精细，有玲珑的感觉，反映出清代制品的奢华，既是一件实用器，又是一件艺术品。

(a) 正面

(b) 背面

图 5-5　紫檀木大漆镶嵌及绣片屏

从上至下逐步分析这件砚屏每一部分的制作工艺，先从屏芯分析，因为屏芯部分的工艺最为复杂，四根屏框的四角以 45°斜角榫卯固定，屏框双面雕刻精美的云珠雷纹图案，与屏座的图案上下呼应，屏芯部分两面的图案采用不同的制作工艺，但是从整体上看没有前后正反之分。

一面是以黑色大漆为底，上面镶嵌象牙雕刻的蝙蝠，占据屏面的四个框角，中间部分是一个象牙雕刻的楷书“福”字，另一屏面是用黄色底色的织锦云寿图案装裱，在屏芯内，两面的图案相互呼应，寓意为“五福供寿”，五福即长寿、富贵、康宁、好德、善终，小小的屏芯做工精湛，小中见大、小中见美，两面的图案反映出人们对美好生活的追求与向往。

屏芯下面的屏座由站柱与站脚两部分组成，从整体上看，站柱与站脚没有任何雕刻工艺，屏座的巧妙是利用连接站柱与站脚的部件，采用的是浮雕工艺的组合体，这种繁简统一的制作方法就更显出器物整体的挺拔、稳重，更突出整体美感。

站柱从外表看做工直白简练，没有任何装饰线条，站柱的内侧制作成凹形槽，它的作用只是为了固定屏芯板（屏挡），站柱两侧即两边的站牙，造型每边呈半个宝瓶形状，采用浮雕工艺，两面雕刻云珠雷纹，两个站牙合在一起组成一个完整的宝瓶形，与上面屏挡边框的图案相同。

作为屏座整体连接的站柱与站脚是有担板的，上下两根担枨相互固定，两根都是内朝担板方向各雕出一条阳线，作为担板的分界，担板上采用起单线的双边雕刻出回字形图案，下面的分水板边缘处起如意头状的线条，内雕刻云珠纹，整体器物的雕刻都是云珠雷纹，只有担板图案有区别，更显出了这件砚屏整体造型的美感。

这件砚屏是一件做工精美的器物，虽然有局部构件没有雕刻，以素面展现，但是有繁有简，繁处繁而不乱，简处简而不俗，作品的每处都透出工匠的智慧，反映出清代时期制作工艺的精美与华丽。

这件紫檀砚屏的尺寸全高 27.8 厘米，宽度 18.5 厘米，屏挡的高度 20.1 厘米，宽度 16 厘米，如果把它放大 9 倍，是一件全高 250 厘米，宽 166.5 厘米的超大落地屏。

六、大漆彩绘砚屏

前文叙述了屏类的多种类型、材料、制作工艺以及它们各自的用途，前面讲述的两件砚屏，它们的用料珍贵，是两件反映不同时期制作工艺的作品，框架分别用黄花梨和紫檀木材制作，而屏芯又取于其他材料，一件是用彩绘工艺为屏芯的明式风格的黄花梨砚屏，另一件是采用镶嵌及织物工艺作为屏芯合成为一体的清式紫檀砚屏。

因为砚屏的品种很多，不能更细致地讲到每一个种类，下面再讲一件有代表性的漆器类砚屏，漆器类的品种很多，如雕漆、雕填、大漆镶嵌、金漆彩画等，而雕漆的胎骨也可用不同材料作为骨架，比如雕漆工艺就有铜、铁、木等，也有堆漆雕工艺等。

从这类家具的特征一般是看不出胎骨的，只能通过外表的工艺来确定它的品种，但是漆木家具在用料方面是极为讲究的，分别有紫檀、黄花梨、红木（酸枝）、楠木、榆木等，最为高档的是用紫檀、黄花梨等木材做胎骨，这类家具是极为少有的，做出的每一件家具器物都是不计工本的，一定都是官家所用之物。

下面就以图 5-6 为鉴重点讲这件木胎黑漆金彩描画砚屏的造型及工艺，这件作品属于髹漆类，多以髹红色或黑色大漆作为底色，上面以金彩描绘出各种图案，民间多以吉祥图案为主，也有描述民间故事及市井人情等的图案。

图 5-6（a） 大漆彩绘砚屏（正面）

图 5-6（b） 大漆彩绘砚屏（背面）

从外观看它的造型质朴，屏座及屏芯的造型是典型晋作之物，晋作家具在北方也是一大属类，一般制作用的木材以核桃木、榆木、杨木等居多，尤其以核桃木作为当地优质家具用材，这种材料木质细腻，不易变形，年代越久远，它的温润度就越好，以本色家具为例，它的色泽也是由浅黄色变成深栗色，而且不像榆木那样年代久了会出木筋。

前面已经讲述过漆器家具是不漏木胎的，有些家具只有在器物的底面或者底脚下面能分出其木质，这件砚屏就是从站脚底面看木纹，根据这一特点判断这件器物的木质应该是核桃木，属于晋作之物。

自下而上来分析这件砚屏整体的造型，站脚的造型是一个倒置的元宝形，固定在站脚中间的站柱比起前面两件，这件的站牙是高于站柱的，前面讲了站脚、站柱，再来分析站牙，第一件黄花梨砚屏站牙是镂空造型，担板也是镂空的，第二件紫檀砚屏站牙是浮雕，担板也是浮雕，而这件除了站牙高于站柱外，站牙还是镂空的，而其他的地方则是实芯的，它的色彩及工艺由描金绘制完成，作为主体的衬托。

这件砚屏的框屏制作也与前两件有不同之处，屏芯由三面边框嵌入，两立框长度是屏芯的四分之三，一般带框的屏芯都用边框插入站柱内槽来固定，而这件则由屏芯两侧插入站柱内侧凹槽来固定支撑整体屏框、屏芯，作为砚屏的整体。

另外站柱的顶端也作为支撑点顶住屏框的下端，使外观整体成为一个长方形，呈现在站脚及牙板之上。

最后再分析整体砚屏的髹漆工艺，一般髹漆底色多为黑色或红色，这件砚屏整体髹漆为黑色，黑色的底漆更显得深沉，这种颜色更适合于安静的书房，而红色底漆会显得喜庆，多用于吉祥的牌匾或招牌等，在黑色为底的大漆上以描金工艺绘出各种图案，虽然只用金彩一种颜色修饰这件砚屏，但是从底座的图案到屏面的图案都是多种图案结合的，屏面两面的绘画也是不一样的，一面是描金绘画，一面是金地留黑剪影法，共有七种画法。

从倒元宝形站脚上的图案分析，站脚上的图案是由竹叶、竹枝组合的，往上看柱上的图案是缠枝纹，站柱两侧的站牙是镂空描绘螭龙，牙板的图案与站柱图案相同，牙板上两根担枨的图案由两部分组成，担枨两边绘成网形图，中间绘缠枝纹图。

担枨中间担板的图案又与站牙的图案相同，只是在两条螭龙中间多一个寿字，形成一幅二龙捧寿图。

叙述过屏座各部分的图案后再来看屏芯，担枨上的网纹图形与屏框上下图案对应，也是网纹图形，而屏框网纹中间又绘成回纹形图案，以上所描述的图案两面的绘法是一样的。

不一样的图案是屏芯上的主图案，这件砚屏没有正反之分，只是欣赏角度不同，一面是以宋（宣和博古图）为蓝本，绘成博古图案，寓意博古通今之意，以示文人墨客崇尚高雅的态度，代表着有识之士追求高洁清雅之意，另一面画成竹子，与站脚风格一致，代表着落地生根之时拥有不凡气节，竹节寓意着骨气，气节是生命之禅性，潇洒挺拔，虚心亮节，展现出君子之风采，整个砚屏文化气息浓厚，属于上乘的民间艺人作品。

后　序

因为喜爱中国的传统文化，尤其是对先人们留下来的老器物特别感兴趣，外加久居古都的缘故，从小在父亲的影响下对文物有着一种特殊的情怀，对老家具古朴庄重的造型和老瓷器各种形制及色彩产生了由衷的热爱和痴迷，把自己的业余时间投入到收集和探求这方面的器物和专业的知识上，但是由于自己的精力有限，收集到的资料不够全面，但是经过多年的探究，对它们的各种根源也有了一些自己的认识见解。

出于对中华文明的敬仰、对先人的敬意、对中国传统工艺的敬慕和对制作大师的敬重，自己希望把学到的知识回馈给社会，把了解到的见闻传授给爱好古典家具的朋友，让更多的人去研究、去探寻、去开发更多更丰富的民间遗存下来的宝贵知识。

经过多年的收集和对所收集的一些老器物作了长期的观察和研究，对这些老旧的木器有了更新的认识，各种木结构的连接方式历经上百年的时间和在正常的使用下，仍然岿然不动地保存下来，这些古老家具就是匠人利用各种榫卯结构将它们连接在一起，组合成了各类供人们使用、享受的器具，这是中华民族先人们智慧的结晶。古典家具的特点是既有使用的功能，又有欣赏它们各种结构造型的线条美感、雕刻技法，以及反映在基本物体上的各种精美图案。

木器中常见的榫卯结构如图后-1所示。

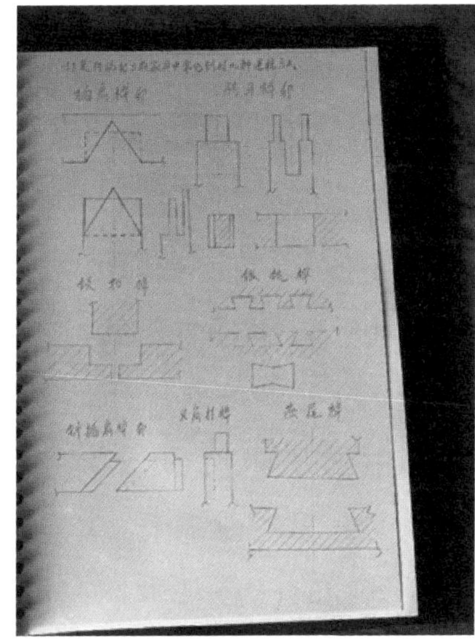
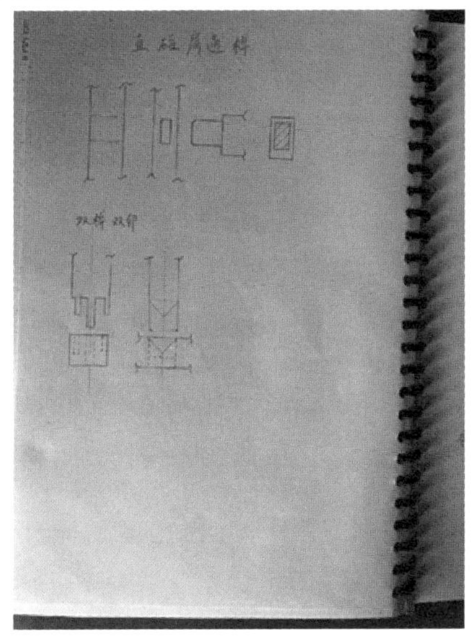

图后-1　木器中常见的榫卯结构

这些不会说话的固定器物，当你了解了它存在的意义，当你对它投入感情后，观看它、欣赏它、使用它，它都会与你无声地对话，来展示它的意义、它本身的使用价值、它的各种造型之美，它会使你全身心地投入到它给予你的一切满足感，所有对木器家具类、木器文房用具类、木器雕刻类的挂件及雕刻件产生兴趣爱好的人，都会有同样的感受。

因为痴迷和钟爱，才有进行研究的兴趣，在不知不觉中开始注意到这些木器作品。它们在中华大地生生不息地存在上千年，几百年的不间断使用，使一件家具器物在一个家庭中能见证几代人成长，它既能够表达对前辈的追忆，又是祖辈留给子孙的宝贵遗产，还是对中华文化的传承，对那些能工巧匠付出心血成果的认可。

本书中所写到的这几十件小器物，共分为四大类别，这四种类别的器物又分为几种流派，囊括了我国南方和北方的几种做工，在介绍每种器物时已经基本把产地说明，包括京作、苏作、广（粤）作、晋作、鲁作、闽作六个产地不同类器物。

作为中华优秀传统文化的继承者，我们有责任把先人留下的宝贵遗产、传统制作工艺永远地传承下去，让我们的后代对中国传统制作工艺的流程有更多的了解，让他们更加珍惜中国传统工艺和精工细作的这些古典家具，能真正意识到它们的珍贵，投身于保护留下来的传统文化瑰宝。最后，要感谢所有帮助过我的朋友，感谢收藏爱好者徐刚老师的参与，中国木材制品流通协会明清家具委员会秘书长苏平老师对我的支持，以及古家具高级制作修复师汤加胜先生十多年来给予的帮助，文章中所讲述的这些小器物，有很多都是通过他高超的技艺修复后重新展现在人们的视野里，还要感谢张德祥老师和宋建文老师为此书作序，以及很多朋友无私的帮助。这是本人近三十年来对其品类所灌注的精力而做出的总结。